掌控情绪，从来都不靠忍

凌岚 著

·北京·

内 容 提 要

情绪对一个人的影响是巨大的，懂得情绪管理，保持情绪稳定，是我们人生中十分重要的修炼过程。本书从多方面梳理如何实现情绪稳定，进而帮助读者做到不抱怨、不焦虑、不抑郁、不暴躁，成为一个天天好心情的人。全书案例丰富翔实，文笔流畅，是控制情绪、自我修炼的必备枕边书。

图书在版编目（CIP）数据

掌控情绪，从来都不靠忍 / 凌岚著. -- 北京：中国水利水电出版社，2020.12
ISBN 978-7-5170-9201-8

Ⅰ. ①掌… Ⅱ. ①凌… Ⅲ. ①情绪—自我控制—通俗读物 Ⅳ. ①B842.6-49

中国版本图书馆CIP数据核字(2020)第239824号

书　　名	掌控情绪，从来都不靠忍 ZHANGKONG QINGXU, CONGLAI DOU BUKAO REN
作　　者	凌岚　著
出版发行	中国水利水电出版社 （北京市海淀区玉渊潭南路1号D座　100038） 网址：www.waterpub.com.cn E-mail：sales@waterpub.com.cn 电话：（010）68367658（营销中心）
经　　售	北京科水图书销售中心（零售） 电话：（010）88383994、63202643、68545874 全国各地新华书店和相关出版物销售网点
排　　版	北京水利万物传媒有限公司
印　　刷	天津旭非印刷有限公司
规　　格	146mm×210mm　32开本　7印张　163千字
版　　次	2020年12月第1版　2020年12月第1次印刷
定　　价	46.00元

凡购买我社图书，如有缺页、倒页、脱页的，本社发行部负责调换
版权所有·侵权必究

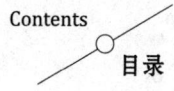

Contents 目录

第一章 01

一个人最好的修养，就是情绪稳定

有境界的人心态好 _ 002

一旦冲动决堤，生活即将失控 _ 006

控制不住坏情绪，就会迁怒他人 _ 011

心智决定视野，视野决定格局 _ 015

掌握情绪，才能掌握自己的未来 _ 020

学会自我管理，避免频繁失控 _ 024

引导自己，进行积极的心理暗示 _ 028

CONTENTS

第二章 02

消化情绪，
接纳生活中的不完美

这个世界没有完美存在 _ 034

学会克服对抗心理 _ 038

好心情的保持还需靠自我的调节 _ 043

总为一些小事而心烦，是不理智的 _ 046

世上本无事，庸人自扰之 _ 051

用平常心生活 _ 055

学会控制自己的"抵触情绪" _ 058

掌握人际交往的分寸 _ 063

第三章

情绪转移，
避免走进死胡同

跳出"死胡同"，避免钻牛角尖 _ 068

给你的情绪转个弯 _ 072

捕捉生活中的美好 _ 076

别拿别人的优点来折磨自己 _ 082

知足常乐，你可能是别人羡慕的对象 _ 086

把心放宽，学会"失忆" _ 090

不要为失去的难过，也不要为未来焦虑 _ 094

CONTENTS

第四章 04

宣泄情绪，做积极向上的自己

摆脱负面暗示，活出最精彩的一面 _ 100

为自己留一束光 _ 105

吵架是宣泄，也是另类沟通 _ 109

别把压力吞在肚子里 _ 114

学会清除情感垃圾 _ 117

找个没人认识你的地方做自己 _ 120

与其花费时间去忧虑，不如奋力一搏 _ 124

微笑能带来好运 _ 129

培养快乐的生活态度 _ 133

第五章 05

内心强大,
情绪即可收放自如

宠辱不惊,悲喜自度 _ 140

晕轮效应:躲开偏见的陷阱 _ 144

不慌不乱,遇事镇定 _ 149

唯有简单,能让我们全然放松和舒适 _ 154

内心强大,方能笑到最后 _ 158

敞开心扉,就能拥抱整个世界 _ 163

人生海海,时间是万能的灵药 _ 168

用心中的火光照耀他人 _ 172

CONTENTS

第六章 06

抛开枷锁,
警惕身边的情绪勒索

踢猫效应:坏情绪是个污染源 _ 178
别让猜疑毁了来之不易的感情 _ 183
用简单的心感恩一切 _ 187
苦水少一点儿,生活中没有绝对的公平 _ 191
以爱之名:每个人都有自己的活法 _ 195
你的事就是你的事,与别人无关 _ 200
为自我利益抗争是合情合理的 _ 205
过分追逐物质,人就会丧失理智 _ 210

第一章

一个人最好的修养，
就是情绪稳定

有境界的人心态好

什么叫境界？舍己为人、不惜肝脑涂地是境界；以德报怨、不计得失的是境界；行至水尽山穷，依然笑看云卷云舒的，也是境界。常听人说大境界成就大事业，境界的高度决定着人生的高度，于是打坐、修禅、聆听大师讲座，我们开始四处寻求境界飞升的捷径，殊不知，当"境界"成了发大财、成大势的砝码，成了打肿脸也要去装的"漂亮表情"，就完全失去了它缔造幸福的超级魔法，反而成了沉重的负担。

老王今年40岁，心眼小、脾气暴，作为大型企业的中层领导，不上不下的位置让他有些焦躁。一日听大领导演讲，说到人生境界时慷慨激昂，老王对境界不境界的宣讲内容倒不感冒，只是眼看大领导站在那么多人面前，享受着雷鸣般的掌声，让他心里非常羡慕，他也想那般成功。几天之后机会来了，许是受了大领导的影响，公司决定给中层以上干部举办一个管理培训班，主题就是"修炼人生境界"，老王可来了劲儿，摩拳擦掌赶忙报了名。

讲课的大师说，人生境界决定人生高度；地上种了菜，就不易长草，心中有了善，就不易生恶；屋宽不如心宽，有钱不如有闲；慈悲没有敌人，智慧不起烦恼。大师还说，有境界的人心态好，分分钟应对压力、解决冲突，遇到逆境不战而胜，身体健康不得病，人际关系和谐，事业有大成，财富如滚雪球，老婆开心，丈母娘放心，简直就是你好我好大家好。老王听得心悦诚服，他心想，不就是境界吗，讲起来复杂，做起来简单，还不就是没心没肺，被人家打了左脸，赶紧把右脸擦干净递上去，再笑眯眯来一句"劳驾您受累"，从今往后，弥勒佛他老人家什么表情，咱就什么表情。

培训结束后新一轮竞岗在即，老王努力回忆着大师的箴言，以往难以容忍的事一概以笑容应对，早晨上班开会笑呵呵，晚上加班改报告笑呵呵，客户发难笑呵呵，下属工作不到位他还笑呵呵。头两天勉强还能忍耐，时间一长，他就有点儿憋不住火，看不顺眼的事跟以前一样多，愤愤不平的情绪经不起琢磨。不出一个礼拜，他就又回到了斤斤计较、挑剔暴躁的老路上，不出意外，竞岗失败，升职无望。

竞岗失败之后，老王的脾气比以前更坏了，看领导的眼神也从羡慕变成了恨，他心里骂道：什么大师，什么讲座，都是江湖骗子拿来办培训骗人的，满嘴假仁义。这次竞岗成功的那个小王，不就是嘴甜会做人吗？哈巴狗一样内外巴结，才深得领导同事喜爱，让他王大主任放下威严低下头，门儿都没有。

境界到底是个什么？所谓的"境界一提升，生活马上变轻松"到底是不是江湖骗子拿来骗人的呢？其实我们所要调整、提升的境界，不像老王理解的那么肤浅。当然，一个人的人生观、价值观、世界观，也就是我们所说的"三观"，受其生长环境和思维模式影响，并非一场讲座、一次学习就能彻底改变，但通过学习对情绪掌控来提升个人境界并非难事。学着做一个心胸豁达的人，能够理智、宽容地看待世界，能够怀着感恩、奉献的心去对待他人，他所领悟到的人生哲学，就比一个以自我为中心，对他人苛刻，对社会不满的人要高出很多层次，境界对于他而言，不是强颜欢笑，而是善良从内心自然地流露。

就拿老王和小王来说，同样是给前台打电话叫秘书来取一份文件，秘书接到电话的时候正准备去趟洗手间，撂下电话没想太多就先去了，耽搁了几分钟。敲开老王主任的办公室，劈头盖脸就先挨一顿骂："你是爬着来的吗！这么几步路滚也该滚到了！怎么能耽误这么久！"敲开小王经理的办公室，取了文件还听见"辛苦你跑一趟，多谢了"，临出门小王还给了一包饼干说怕她和前台的几个小姐妹下午饿。换作我们是秘书，也不愿意老王那样的人做领导吧？而老王眼中"嘴甜会做人，哈巴狗一样内外巴结"的小王，根本就没有什么特殊的人情关系，只是能与人为善，尊重领导，照顾下属，为自己建立了良好的人际关系网。从中他能得到的信息比别人多，得到的帮助也比别人多，公务处理得圆满，他自己心情舒畅，与他接触的人受其感染也跟着心情好，如此的"好人"，在公开竞岗中升职加薪是情理之中的事情。

想要提升人生境界，你先要明白：

1.提升人生境界绝不是急功近利就能做到的事，通过读书、听讲座、旅行、与有境界的人交流，才能拓展自己思维的疆界，驱散内心的阴霾，也才能感悟更多的人生哲理。

2.一言一行向有人格魅力的成功人士靠拢，慢慢地我们会发现自己的认知在发生改变，自己的生活在发生改变，自己周遭的人和事也在改变着。因为你学习了优秀的思维方式和处事方式，并将之带入了你的生活。

3.每天工作兴致勃勃，遇到曾让自己抓狂的人和事能一笑而过，凡事多为他人着想，在尊重每一个人的基础上充分体谅他人的苦衷，广结善缘，普种善果，自然能够多些好运相伴，少些坎坷挫折。

一旦冲动决堤，
生活即将失控

网络上曾流传过这样一个段子：有一个人去吃烧烤，对桌的男女一边吃一边朝他这边多瞟了两眼，这人当下就把烧烤棍儿往桌上一撂，大声朝对桌的男女喊道："你们有毛病吧，瞅什么瞅！"

恰好对桌的男女也是暴性子，莫名其妙地被陌生人吼了，女人觉得自己受到了侮辱，顿时拍案而起："你才有毛病呢，我就看了，你能咋样？"

一场大战就这么打起来了。

两个男人扭打成一团，场面一片混乱。对桌的女人继续用语言暴力加入这场混战："哎，你这人怎么这样，竟敢打人？你是什么稀罕玩意儿，看你两眼都不行？欠抽吧？"

这暴躁的男人先挑起的事儿，此时听对桌的女人这么说，气得一边打架一边不忘回嘴："就不让你看了，我就打你俩了，你能怎的？"片刻，整个烧烤摊已被砸得七零八落。警察来后将双方"各打五十大板"，除按价赔偿损坏物品外，三个人全因扰乱公共秩序而被拘留15天。

当人们遇到一些无理取闹的人时，很多人往往按捺不住自己的冲动，原本可以好好沟通解决的事情，最后却要闹到不可收拾的地步，这是最典型的不理智。

在看守所里，最先挑事的男人开始后悔：为什么自己吃个烧烤都能进看守所？如果不是因为自己冲动闹事，事情也不会发展到现在这个地步。自己一个大男人，就算是被看了两眼又能怎样？更何况，或许对方当时根本就没在看自己，而这一切只是他多心罢了。

另一方的女人也禁不住想：对方是有些蛮横，可为什么自己也"一点就着"？不就是被问了一句"瞅什么瞅"吗，怎么就会如此冲动地打起来了呢？

几乎所有的激情犯罪，都是在某种外界因素刺激下因心理失衡、情绪失控而产生的后果；几乎所有进了监狱的人都表示过悔意："如果当时不……就好了。"

我冒昧犀利地说一句，这是"病"，得治！冲动行为，英文是 compulsion，是一种发生较突然、持续时间较短暂的神经兴奋。这种神经运动性兴奋同时伴有情绪激动，自控力降低及口头、身体攻击行为，严重者甚至还会出现暴怒、激烈的暴力行为，最终导致伤人伤己。

研究表明，脾气暴躁的人更容易产生挫败感，更容易遇到心理危机。他们与能够自控的人相比，生活往往更不如意，人际关系也更差。

每当我们冲动的时候，不妨问问自己：我们去争这一场对错，就算争赢了又能得到什么？相信很多人深思熟虑之后，必定会有更为正确的选择。

我们还冲动，说明我们对生活有激情，总是冲动，则说明我们还不懂什么是生活。

某次世界杯的比赛，意大利对决澳大利亚，双方球队势均力敌，踢得热火朝天，胜负难分。这场比赛已经整整踢了95分钟，所有电视机前的观众提心吊胆，大气都不敢出。电视中，解说员黄健翔激情四射地解说着。最终，意大利队以一粒点球战胜了澳大利亚队，结束了这场比赛。

深爱意大利队的黄健翔顿时失声哽咽，以一种近乎疯狂的语气盛赞意大利队的胜利，而完全不顾电视机前澳大利亚队球迷的感受。黄健翔的激情解说持续了三分多钟，这场缺乏专业精神的足球赛事解说立刻在国内掀起了轩然大波。

事后，黄健翔通过《豪门盛宴》节目向全国观众道歉。"在昨晚世界杯足球赛解说中，我的现场解说评论夹带了过多的个人情绪，解说中确有失当和偏颇之处，给大家造成了不适和伤害，在此我向观众郑重道歉！我在最后几分钟内的解说不是一个体育评论员应该有的立场。今后，在工作中我将总结经验，时刻提醒自己把握好自己的岗位角色，处理好情感和理智之间的平衡，做好CCTV体育评论员工作。"

因为这场失态的解说，黄健翔被央视取消了下一场比赛的解说资格，舆论压力接踵而至。

黄健翔在直播解说中忘记了自己的身份，恣意地宣泄了个人情绪，冲动之下获得了三分钟的痛快，但紧接而来的便是愧疚与自悔。

佛曰：一念愚即般若绝，一念智即般若生。人是感性的动物，一旦冲动使理智决堤，很可能会让生活从此偏离正常的轨道，从而影响自己的一生。因此，请一定要时刻提醒自己：千万不要放任心底冲动的魔鬼。少做那些令自己后悔冲动的事，才不会让自己陷入困境之中。

人的一生不可能万无一失，犯错是每个人成长过程中不可避免的。假如我们曾经因为不理智而犯下错，请在宽恕自己的同时，告诫自己一定不要再犯。与其在不断的冲动中做一些让自己后悔莫及的事，不如努力管好心中的魔鬼，善待这个世界，做一个成熟、稳重、理智的人。

还等什么呢？与其让"感性"影响我们的行动，不如让"理性"决定我们的人生。

控制不住坏情绪，
就会迁怒他人

日常生活中，别人一句不经意的话、一个冷漠的眼神，都可能碰触我们的情感底线，引发情绪的潮涌。当坏情绪涌上心头，出于不得已，我们可能会选择将其压抑。然而，这终究不是长久之计，当坏情绪积蓄久了，就会变成决堤的洪水，若不及时给它找一个引流的出口，就可能变得一发不可收拾。

公司的一位女同事跟我坦言，在大城市里打拼，每天背负着巨大的工作压力和生活压力。在公司里，做得不对要被老板批评，合作出了问题要被客户埋怨，打电话拉业务有时候还会无端地被人辱骂……很多时候，她都会选择忍耐，默默承受，安慰自己这都是生活的考验。

不过，她很庆幸，身边还有心疼她的母亲。很多忍耐，有一半也是为了不让母亲担心，可时间长了，她已经不知道怎么安慰自己了。她的情绪越来越低落,偶尔还会莫名地伤感、哭泣,对工作也没了兴趣,感觉生活就是煎熬。

终于,她忍不住在母亲面前大发雷霆,歇斯底里地将多日的积怨发泄了出来。那一刻,她哭了,母亲也哭了。一阵急风暴雨的发泄后,她有一种强烈的负罪感。二十几年来,母亲含辛茹苦,只身一人拉扯着她,好不容易熬到她长大成人,却还要忍受她的坏脾气。她觉得自己太不孝顺了,那些美好与温情,都随着怒吼消失在了空气中。

对于这位女同事的遭遇,我表示理解和同情,但是对她宣泄情绪的方式却不敢苟同。

每个人都会遇到影响情绪的事,当我们不堪重负时,就难免会为自己找个"出气筒"。然而,这里说的"出气筒",并不是将坏情绪发泄到他人身上。如果只图一时痛快而乱发脾气,只会给自己制造更多的麻烦,甚至造成难以挽回的局面。

有一次,我去一家银行办事,看到一个营业员一副心不在焉的样子。有位顾客对此十分不满,就指责她说:"请你不要把自己的不良情绪带给我们,我们是来办业务的,不是来看你脸色的。"谁料,那位营业员没好气地回了一句:"我又没跟你生气,你管得着吗?"一听这话,后面排队的顾客纷纷换到了其他通道去,他们宁愿等的时间长点儿,也不愿意让营业员难看的脸色影响自己的好心情。这一幕,恰恰被值班经理瞧见了,他先是安抚了被营业员怠慢的顾客,随后把营业员叫到一旁,好心劝解了几句。谁知,营业员非但不听劝,反而劈头盖脸地骂了经理一顿,然后扬长而去。

后来,因为业务需要,我经常去这家银行办事,但是再也没有见到那位营业员,我猜她要么是主动离职了,要么是被解雇了。

情绪如同一把双刃剑,控制得好,就能赋予自己一双翅膀;失去控制,就会化为人生路上的荆棘。我们不能盲目地压制情绪,但也不能任由情绪随意地爆发,在释放心中积压的怨气时,一定要以不伤害自己和他人为原则。

我上大学时的校花杨尔,现在是一名空姐。对她而言,微笑是她每天的必修课,谦和是她工作的一部分。或许是职业的缘故,与同龄的女孩相比,她算得上好脾气的那一类人。然而,好脾气的人并不意味着就没有烦心事、压力和坏情绪。有时,身体不舒服,心情不好,还得强颜欢笑,不免会让人觉得烦躁和厌倦。幸好,杨尔懂得自我调节。每飞完一次国际航班回来后,她都会好好犒劳自己:请自己美餐一顿,送自己一件喜欢的衣服或去泡个温泉,放下所有的烦心事。然后回家美美地睡上一觉,疲惫感和厌倦的情绪一扫而光。再次投入到工作中时,她又是一副容光焕发、温婉谦和的样子。

世上所有的人都不是孤立存在的,每个人每天都要与其他人接触,并相互影响。如果动辄把别人当成自己情绪的垃圾桶,只要心情不好,就不管不顾地向无辜的人发泄,别人也会不堪重负,势必会想办法甩掉包袱,然后又把这种坏情绪传给别人,你的不良情绪就变成了一个污染源。

静心想想,迁怒于他人,把对方的心情弄得很糟,自己也没得到快乐,事后还可能会懊悔,是不是损人不利己呢?

随意迁怒于他人,你不仅侵犯了他人的心理空间,也是一种没有修养的体现。要想不委屈自己,又受人欢迎,切记:你可以发泄情绪,但不可迁怒于他人。

负面情绪不仅会直接影响到身体健康,甚至还会禁锢人的思维、想象力以及创造力。一个人长期经受负面情绪的煎熬,又得不到适当的排解和宣泄,心理压力就会大增,甚至心灵扭曲。所以,为负面情绪找一道出口,让快乐住进来吧。

心智决定视野，
视野决定格局

都说心智决定视野，视野决定格局，而格局决定命运。现实生活中，因为格局小引发纷争而令自己举步维艰的例子不在少数。

琳达是一家跨国公司的总监，她在公司里的风评向来不太好，一切源于三年前，在一次关于年终分红的会议上，琳达因为老总给公司老骨干们的分红不均，突然当众与老总吵起来了。

琳达认为，她在销售总监这个位置上任劳任怨，在她带领的团队的努力下，整个公司的营业额才会这么高，年终分红理应给她和她的团队多分一些。而其他在一些无关紧要部门的老骨干们，虽然也是一同维持整个公司的运转，但按理来说绝不可能与她分得同等金额的奖金。

琳达不分场合地给老总难堪，老总有苦难言，但碍于她为公司做出的贡献，最后只能打哈哈，顾左右而言他。但是，这次冲突在老总心里留下了疙瘩。不仅如此，公司里也有了琳达仗着自己对公司有功就目中无人的传言。

除此之外，那些被琳达间接针对的老骨干们也纷纷记恨起了琳达，明里虽然不说什么，暗地里却想着法子为难琳达，琳达在公司的处境越来越艰难。

多年后，琳达与老总推杯换盏地畅谈，老总终于告诉琳达当年的真相。当年他那样分红，其实意在提拔琳达，如果分红会上其他老骨干都拿了琳达的好处，自然就对他提拔琳达越级当华南地区的总裁没有异议了。

可他怎么也没想到，琳达会这么没有大局观念，只把目光停留在眼前的利益上。后来，琳达因为那些她曾反对的人根本不愿意配合她的工作，业绩一降再降。他也因为那件事，再也没有了提拔琳达的念头。

在我们的生活里，我们是否也曾因目光太短浅，而做出一些悔不当初的事情？

西方一位哲人说过，一个人的器官中最难管的就是自己那张不停说话的嘴。有的人凡事都要争个高下，有理时得理不饶人，无理时也要强词夺理，争它三分。为图一时口舌之快，口不择言，恶语伤人。是的，他们是获得了瞬间的快感，但很多时候往往将小事闹大,甚至图这一时之快,要用一生去悔恨。喜欢在言语上胜过别人,不过是不自信、不成熟,以贬低别人抬高自己获得满足罢了。

有的人为了一点儿蝇头小利,整天算计,明争暗斗。俞敏洪曾说过,斤斤计较的家庭,走不出胸怀博大的孩子。决定孩子成功的最重要的因素是什么?不在于我们给孩子灌输了多少知识,而在于帮助孩子培养一系列重要的性格特质。

还有的人只在意眼前的事情,永远也看不到未来。他们无法估算事件远期的好处与回报,只瞧见了当前的吃亏。

或许是在街上被人骂了一句,他只意识到了对方这一瞬让自己不痛快了,于是便想着一定要骂回去,结果便引发了一场斗殴。

其实若是各让一步,也就是一笑泯恩仇,说不定还能结个善缘,日后还能互相帮助。

当我们身边的人做了一些令我们不太高兴的事情时,其实无须厉声地批评,我们只需要委婉地指出。对方若是有心便改了,改这些毛病迟早会令他受益,我们今日给他的这个恩情,他日后也必会记得。

工作中就更不用说了,在一些无关紧要的小事上,不必斤斤计较,笑对同事工作上的失误,少些指责,多些帮助。面对领导的批评与暴脾气，多想想自己哪些地方做得不好，有则改之，无则加勉。

现实生活中，因为脾气不好而令自己举步维艰的例子，不在少数。

演员W在骂记者事件发生之前，媒体界已屡屡传出他脾气大的消息。据说，采访过他的记者多数都遭遇过他的黑脸，与他合作的媒体记者无不怨声载道。

后来，W被曝出打Y女星的新闻，他的经纪公司想尽办法替他摆平，最终都以失败告终。新闻媒体客观报道，有的合作对象甚至等着看他摔跟头。

W在这件事上摔得头破血流，事业也没有当初红火了。无奈之下，W只能转战幕后，再也没出来拍戏。倘若当初W目光放长远一些，暴脾气收敛一点儿，对人对事温和一点儿、诚恳一点儿，想必他也不会结仇如此之多，他的事业也不至于遭遇滑铁卢。

一个人心里的格局小了，便容易把自己放大，做事情无所忌惮了，自然也就容易摔跟头。脾气好的人容易结交到挚友，而脾气坏的人则容易与他人结仇。倘若我们希望自己今后的路走得顺一些，切记要收敛起自己的坏脾气。

只有将心中的格局撑得大一点儿,我们今后的路才能走得更宽广一些。

只有客客气气地对待他人,我们才会被这个世界温柔以待。

掌握情绪，
才能掌握自己的未来

我们在生活中会遇见一些人，他们似乎没有脾气，遇事不急不躁，处理事情干脆利落，从不拖泥带水，更不会带着负面情绪去面对工作和生活。他们进退有度、大方得体、理智从容、温润优雅，他们是理性的化身，是人生的赢家。

但事实上每个人的生活都不可能一帆风顺，人生不如意事，十之八九，既然挫折、烦恼、痛苦是我们每个人都无法避开的，就不可能没有消极的情绪。因此，一个理性成熟的人，不是没有消极情绪，而是善于调节和控制自己情绪，不让自己的理智被情绪所左右而已。

一位心理学家说过："每个人都有情绪，但不同的是，有些人能够控制情绪，而有些人则是被情绪控制。"能否控制自己的情绪，在很多时候，往往能对一个人、一件事的成败产生决定性的影响。

宋毅是一个特别理智的人，至少他的同事们都这么认为。最近公司新来了一个初出校门的小姑娘，工作上常常出差错，而她的直属领导就是宋毅。有一次，宋毅要组织一个跨部门的项目协调会，安排小姑娘按照议程准备好会议资料，并且提前布置好会议室。到了召开会议的时间，就在参会人员陆续走进会议室时，小姑娘却怎么也连接不上投影仪。好不容易投影仪可以正常播放会议材料了，宋毅又发现小姑娘准备的资料不是最终文件，里面缺少了最重要的财务分析……

大家都觉得宋毅被小姑娘弄得如此狼狈，一定会大发雷霆，谁知宋毅只是拍了拍小姑娘的肩膀安慰道："没关系，不会就多学学，我像你这么大的时候，也是什么都不会，只是下次做事情要仔细些，如果不懂就多向别人请教。"

小姑娘原本做好了被骂的准备，甚至想好了说词。而此时，宋毅的一番安抚，让她鼻子一酸，眼泪差点儿流了出来。从此以后，她特别用心地工作，进步的速度非常快，再也没给宋毅惹过麻烦。

后来，在一次年会上，此时小姑娘已经升职为一个部门的主管，她向宋毅敬酒时问道："一般人面对手下给自己惹了麻烦、让自己丢了面子，肯定都会大发雷霆，为什么你当时没有发脾气？难道宋哥你是一个没有脾气的人？"

宋毅说："每个人都有脾气，我同样也有，我和别人的区别只在于我不乱发脾气。当年那件事，第一，你不是成心的；第二，你当时刚入职场有很多东西都还不懂，要罚也不应该就罚你一个，带你实习的同事也要一并处罚才算合理；第三，事情已经发生了，与其发火责怪你，不如给你合理的建议，帮助你尽快熟悉工作。"

小姑娘听完，受益良多，她想了想，觉得"发脾气是本能，控制脾气是本事"还真有几分道理。从此，在生活和工作中，遇到任何不愉快的事她都提醒自己放宽心，不与负面情绪纠缠。后来，她在职场之路上一直都走得相当顺遂。

拿破仑曾说过："我发现，凡是情绪比较浮躁的人，都不能做出正确的决定。成功人士，基本上都比较理智。所以，我认为一个人要获得成功，首先就要控制自己浮躁的情绪。"

历史上因为能够控制自己的情绪而被人称道的名人很多，英国前首相丘吉尔是其中一个。据说，有一次丘吉尔在一个公开场合演讲，他讲得正精彩的时候，有人从台下递上来一张纸条。丘吉尔以为是工作人员给他的提示，于是他便接过来打开，令他吃惊的是，纸条上赫然写着两个字：笨蛋。

丘吉尔看完后脸色并没有什么变化，他知道台下有反对他的人正等着他出丑，于是他便神色从容地朝着台下笑着说："就在刚才，我收到了一封信，可送信来的人只记得写了他的名字，却忘了写内容。"

简短而带着笑意的一句话，在无形中化解了自己的尴尬，也恰到好处地将了对方一军。如果这个时候，丘吉尔控制不住自己的脾气，不仅会正中送字条的人的下怀，事态的发展很可能也会失去控制。

能够掌握自己情绪的人，才能掌握自己的未来。有一句话说得好：弱者任由情绪控制自己的行为，而强者只会让行为控制情绪。理性的人不是没有情绪，他们只是不会被情绪左右。努力用理智控制情绪，不要冲动，不要小题大做，不要对别人的一点儿小错就耿耿于怀，我们可以通过改变态度，进而改变人生。至少，当我们意识到需要改变的时候，一切就已经在朝好的方向发展了。

学会自我管理，
避免频繁失控

有的人就是想不明白，怎么有些人就能那么幸运，他们有钱、有社会地位，受人尊敬，被人推崇，他们和自己喜欢的人在一起，做着自己喜欢的事，他们忙忙碌碌，脸上却总有笑容。还有些人没什么钱，竟也能整天乐呵呵，他们爱好广泛，朋友众多，走到哪里，哪里笑声一片，家庭关系融洽，就算遇到什么困难也挡不住他们的好心情。所以，苦心经营追逐成功的人留在了不爽情绪的包围之中，而心态良好、心情舒畅的人，稳居于生活赢家的位置。

不难发现，这些生活的赢家都有一个共同的特点，他们能够通过不同的方式体察自己的心理波动，掌控自己的情绪，使理智指挥下的思想、行动成为一种惯性，乐观、豁达、积极的人生观融入了他们的生命，幸福、幸运对于他们成了一种常态。

相反，有些人不善于自我管理，也不愿受条条框框的禁锢，想法、说法、做法都如脱缰的野马，想到哪儿说到哪儿，想做什么就做什么；遇到好事就放纵享乐，遇到挫折和不顺就怨天尤人，把过错都推到他人身上。日子越过越不顺心，常立志、常发誓，却根本不能贯彻和坚持，身体状况百出，工作一团糟，心情更是一塌糊涂。

许甜绝望地看着脚下的健康秤，喊道："又重了！"她简直无法相信自己的眼睛，反复上来下去称了几次后终于确定，身高160厘米的她，体重已经超过了70千克，而且这还是在她绞尽脑汁地实施"疯狂减肥计划"的一个月后。

心情烦闷的许甜翻出自己的减肥计划开始填写，在"今日食谱"那一栏，她犹豫再三，写下了苹果、牛奶、玉米和咖啡，在"今日体重"后面填了66千克，"运动项目"那一栏写下了慢跑一小时，又把其他一些项目认真填满后，才心满意足地合上精致的本子，打开电视看起综艺节目来。看着看着，许甜就觉得嘴里没个嚼的东西有些无聊，不自觉地开始想吃零食。既然想吃，就吃一点儿不长胖的东西吧，只吃一点儿不会有多少热量。这么想着，她的手就伸向了藏在柜子最上层的薯片、杏脯和夹心饼干，吃了一会儿觉得口干，又打开冰箱拿出一听可乐，一口气喝下一半。时针已经指向11点，但好看的节目一个接着一个，许甜打着哈欠从这个台转到那个台，就是不舍得去睡觉，最后拖到午夜1点，困得她眼睛发烫泪水直流，才意犹未尽地关了电视到卫生间去洗漱。刷牙的时候对着镜子里臃肿的自己，她心里又开始郁闷低落，后悔晚上不该嘴馋吃零食，后悔原本定好的晨练慢跑一小时运动计划实际上走了没有几步就停了，后悔上午吃了几块同事带来的特产酱肉，后悔下午喝了高热高糖的一大杯奶茶……就这样，在悔恨和自我厌弃的情绪中，许甜拖着疲惫的身体钻进了被窝。

第二天天都大亮了，许甜还赖在床上，闹钟响第一遍时就被她远远地扔到了墙角，当刺耳的铃声响第二遍时，她终于起来了。看看时间，别说晨练跑步，连早餐也没空吃了。因为迟到，她被主管一通冷嘲热讽，委屈自卑的许甜空着肚子熬过了繁忙的上午。午餐时减肥计划已然抛在脑后，她发泄般地吃了许多油腻的东西，还安慰自己"早餐没吃，午餐多吃点儿不碍事"。下午因为吃撑了浑身不舒服，工作起来精力也不集中。晚上下班回到家，草草吃了些水果麦片，站上健康秤一称，果不其然，体重不降反升，随之升起的还有满腔绝望和愤恨。为了排解这种负面情绪，与前一天毫无二致的晚间生活又一次上演……

人生最大的敌人可能就是自己。现在人们的压力普遍较大，偶尔放纵一次无可厚非，但一定要当心"失控—放纵—后悔—

郁闷—失控"形成一个连贯的恶性循环,一旦这种思维定式成型,再想打破它可就难了。就像故事中的许甜,在对自己的体重和外形已经明确不满时,也知道应该怎么去做才能改善,甚至准备了周详的计划,但计划一万遍,实施起来一天也熬不过。于是,就在不断渴望改变又失控沉沦的过程中,跌进了对自己的心理、生理状态丧失掌控权的思维怪圈。

惯性思维存在于心理活动的每个角落,频繁失控而悔恨的怪圈也是拜这种思维定式所赐:

1. "失控—放纵—后悔—郁闷—失控"的思维模式只会催生出更多的负面情绪,久而久之,自己反倒成了冲动的奴隶。

2. 在闲下来就悲伤、自卑又多疑、经常烦躁乱发脾气的负面惯性思维的引导下,干出的蠢事就像没经过大脑,于人于己都无益,渐渐变成了十足的"失败者"。

引导自己，
进行积极的心理暗示

积极自我暗示并不是毫无科学根据的自我欺骗，而是个体透过感官元素给予自己积极心态和成功心理相关的暗示或刺激，使意识思想的发生部分与潜意识的行动部分之间相互勾连，它既是一种对自己内心下达的情绪指令，也是一种对积极行为的提醒和启示。"心态决定命运"，说的就是正面、积极的心理暗示对个体发展巨大的能动作用，你注意什么、追求什么、致力于什么及怎样行动，能支配影响你的情绪，作用于你的生理指标，进而决定你将变成一个什么样的人。

古今中外，许多获得非凡成就的伟大人物都懂得善用自我暗示及潜意识的力量取得成功，许多生活美满幸福的普通人也自觉或不自觉地利用这一机制引导正能量向自身聚集——积极地自我暗示能使人的心境、兴趣、情绪、行为等发生良性转变，从而使人的某些生理功能、健康状况在不经意间越来越好。

叶子是个幸福的小女人，虽然她月薪不多，男友不帅不富，父母都是普通工薪族；虽然她没有自己的房产也没有车，没有昂贵的名牌鞋包和首饰；虽然她做着再平凡不过的图书馆引导员工作，每天上、下班要挤将近一个小时的公交车；虽然她没有沉鱼落雁的容貌，也没有前凸后翘的魔鬼身材，但她知道自己是个幸福的女人，每一个认识她的人也都认为她是个超级幸福的女人。

每每被人问到自己总是很开心的原因，叶子都笑着说是因为她心里住着一个贫嘴的小精灵，不管生活中遇到什么事，它都要跑出来说上几句，好事锦上添花，坏事被它一逗趣，刚要积郁起来的坏情绪也都消散了。

早晨在公交车站，大伙已经等了15分钟了，还是没有见到公交车的影子，旁边几个等车的上班族已经烦躁不堪，一个劲儿看表，叶子却依旧一脸轻松。她心里的"小叶子"告诉她，虽然已经等15分钟了，但早高峰时发车密度大，应该很快有车进站的，不用急。果然，没过3分钟，公交车就来了，一来就是两辆，她上了后面那辆较空的，上车就有座位。坐了几站之后，车上人渐渐多了起来，叶子把座位让给了一位老人，心里的"小叶子"赶忙夸奖她是个尊敬老人、高素质的好姑娘。到了单位,叶子换上制服,准备开始一天繁忙的工作。对着更衣镜整理仪容时,"小叶子"又冒出来鼓励她:"今天的叶子又是个清爽漂亮的小美女,能量爆满,一定是今天全馆最佳的引导员!"

上午图书馆来了一队美国考察参观团,领导找到叶子所在的引导员小组,让她们抽调一员干将去做接待工作。其他几个女孩都有点儿犯怵,扭扭捏捏不肯上前,叶子却在心里的"小叶子"鼓励下主动自荐:"怕啥呢,英语口语平时都在练习,来宾看上去也很和善,能够代表图书馆好好接待他们是难得的机遇,证明自己能力的时刻到了,一定要好好加油!"

忙了一天,终于到了下班时间,叶子打电话给男朋友,本来约好俩人一起去逛街吃饭的,可是男友的电话开始是怎么也打不通,后来打通了又被他挂断。叶子心里犯起了嘀咕,加上肚子饿得咕咕叫,她有点儿不耐烦起来,刚要发短信指责男友的时候,"小叶子"急忙出来阻拦:"亲爱的他也许工作很忙,现在一个劲儿挂电话,可能是临时有要事不方便接听,等一会儿再打过去吧,因为这点儿小事乱发脾气可不像温柔可爱的叶子哟!"就这样,叶子呼了口气,想着反正也得等男友,不如加会儿班。就在她一边等男友来电一边哼着歌收拾总服务台的时候,正巧馆长和书记从服务台前经过,见到下了班还在认真忙工作的她,意外地把她表扬了一番,馆长他们前脚刚走,叶子男友的电话就打进来了，接通之后就是一通赔礼道歉，果然刚才是忙得不可开交，腾不出手接电话。叶子庆幸自己刚才没有由着性子随便发脾气，否则现在俩人恐怕不是吵架就是冷战，这个原本美好浪漫的晚上就要在赌气伤心中度过了。

就这样，被领导赏识、男友喜欢、朋友同事羡慕的叶子结束了幸福完美的一天，睡前她轻声对自己说："晚安了小叶子，明天又会是美好的一天！"

叶子心里那个"及时雨"一样的小精灵其实就是她自己的显意识，它能够明确察觉且可以作用于潜意识世界。利用这些正面为主的显意识，叶子引导自己的情绪一直保持在积极向上的轨道上。除了倾听积极的心声，还可以采取歌唱、吟诵、诉诸纸上等方式达到同样的效果。我们越是经常性地接受显意识告诉自己的一切，并选择积极、扩张的语言和概念描述这种激励，就越容易为自己创造出一个积极的现实。

积极的自我暗示有着不可抗拒和不可思议的巨大力量：

1.潜意识告诉自己的事实足以决定你想要什么、怎样观察这个世界、如何进取等。

2.记住，我们都有选择的能力，不管面对什么样的人，什么样的情况，我们应该而且必须选择关于此事积极、正面的暗示，保持乐观的心态。

3. 当"很好""不错""会好起来的"融入潜意识并形成一种习惯，我们的神经系统与机体功能便会融洽地处于一个良性循环中，先拥有快乐的身心状态，然后才能拥有成功的幸福人生。

第二章

消化情绪，
接纳生活中的不完美

这个世界
没有完美存在

　　琐碎的麻烦事每天都在我们的生活中上演，大多数人也真的把它们当作天大的困境，从中不断吸取负能量，酝酿成各种坏情绪。又有谁会在开始烦躁郁闷之前停下来好好想一想，那些所谓的伤、痛、愁、苦是不是真有那么严重，严重到随时都能打破我们内心的平静，让我们自怨自艾，迷失在生活不完美的一侧？

　　"生活并不完美"，马可比谁都清楚这句话的含义。

　　三年前，年仅26岁的马可风华正茂，有着富裕和谐的家庭、一份自己热爱又擅长的工作和一个漂亮温柔的女朋友，不仅感情生活美满，还有着指日可待的大好前途，而这一切却因一场意外的车祸戛然而止。走在人行道上的马可被一辆失控的面包车撞成了重伤，满身皆伤的他经过漫长而痛苦的救治后，虽然勉强保住了性命，肢体却不再完整——右腿膝盖以下截肢，一只眼球也因过重的破坏性外伤不得不被彻底摘除。当时已经谈婚论嫁的女友迫于其父母压力选择与他分手，单位给了他一笔可观的抚慰金后也婉拒了他回到工作岗位的请求。

就在所有人都以为马可会承受不了如此巨大的落差，一蹶不振变成个怪人、废人的时候，意想不到的事发生了。马可不仅没有被发生在自己身上的灾难击倒，反而比受伤之前更乐观、更积极了，如果说伤残前的他干练、锋芒毕露，那么现在的他身上多了一份超越年龄的淡然和豁达。他不仅在家人和朋友的帮助下开了一间个人工作室，还参加了一个旨在帮助伤残人士重拾信心、找回生活勇气的义工社团。在慰问那些天生残障及因后天疾病、事故而伤残的人时，马可总会将自己的经历讲给大家听。

原来，他在死亡线上挣扎的那段时间，也像平常人一样脆弱不堪，他闹过，试图自杀过。他的内心充满了绝望，不敢看镜子里自己的脸，也不敢碰触残缺的右腿。而就在出院之前，主治医生把他带到医院大厦楼顶上进行的一席对话改变了他的想法，也改变了他的人生。年逾半百的医生告诉他，就在俩人所在的位置，一年前有一个年轻的女病人因为不能接受肢体伤残的现实选择了跳楼自尽，她伤心过度的母亲一夜之间白了头，父亲则因为受不了失去独生女儿的打击心脏病发作，也进了重症监护室。让那个女孩受伤的是一起发生在高速路上的恶性连环交通事故，19条鲜活的生命瞬间消逝，活下来的人与逝者相比无疑是幸运的，而女孩却在命运网开一面后自己选择了绝路，她那一跳是解脱了，却把父母推入了痛苦的深渊。

马可不以为然，他讽刺医生说："您老人家倒是站着说话不腰疼，没了眼珠子的是我，瘸了的是我，您知不知道身体的一部分被夺走是什么感觉！？"医生不理会他的冒犯，只是解开白大褂，掀开衬衫，露出侧腹部一条扭曲的疤痕，对他说："我像你这么大那年摘了一颗肾，因为肿瘤，胆囊也切了，后腰上还有一道刀口，要看吗？"马可脸上鄙夷不屑的表情凝固了，他看着气度雍容的医生那张和颜悦色的脸，想好的冷言冷语哽在咽喉，不知该怎么接话。

医生整理好衣服走向他，伸出手掌盖住他仍覆盖着纱布的右眼，缓缓地说："你有没有这样想过，老天爷拿走了它，也许不是为了让你盯住自己的残腿不放，而是为了让你更珍惜它。"他用手指点点马可那只完好的左眼，"把它留给你，让你以后多看人生中好的一面，小伙子，你才多大年纪，不要只顾着抱怨，学会感恩，未来路还长，要好好活，活出个顶天立地的男人样来。"

生活并不完美，马可比谁都清楚这句话的含义，但他更清楚，生活中完美也好，缺憾也好，能感受到的一切都是命运的馈赠，冷与暖，优与劣，取决于你用什么样的眼光去看。

人生的风景，就像多变的季节，有繁花似锦也有天寒地冻，而人有时就是会犯糊涂，被琐事羁绊，深陷其中无法自拔。有一对明眸，却偏向心中最晦暗的角落看，越看越觉得自己命不好，生活不如意。我们这些四肢健全、身体健康的人更应时刻感激上苍眷顾，与其纠结一时的幸运或不幸，不如多一份从容，从容享受成功的喜悦，从容接纳生活中的遗憾。要知道，哪怕周围已是百花衰败零落尽，只要抬起头看看天，就会发现美好的东西仍在那广袤无垠的天空中，有清风也有月。

学会克服对抗心理

习惯性较劲儿的人身上多少会体现出一定偏执型人格特征，他们可能会比一般人固执、敏感多疑、心胸狭隘、好嫉妒、缺乏幽默细胞，同时由于潜意识里严重的自卑，又有着很强的自尊心，很低的安全感。与人交流时稍有言语失和，便会争论不休、强词夺理，甚至发怒攻击对方。他们很难放下防卫心理与人坦率交友或恋爱，日常生活或工作中神经总处于紧张的戒备状态，对周围亲友和同事的善意举动常会歪曲理解，进而发生摩擦、冲突，造成人际关系不和谐。事后他们无法对不和谐的根源做内部归因，分析起原委来所有错误都是别人的，吃亏受委屈的总是自己，令破裂的人际关系更加难以弥合。

当显著偏执型人格特征的想法、言论和行为越来越多地出现在一个人身上，不仅他自己会感觉身心不适、孤独、焦躁甚至恐惧，周围的人们也能非常明显地感觉到他无缘无故抛出的恶意。这就让他们在社会交往中无可避免地处在一个非常尴尬的境地——强于他的人肯定不吃他这一套，兵来将挡，水来土掩，以惩罚对敌意；弱于他的人深受其苦，只好敬而远之，免得引火烧身。针对这种看谁都不顺眼、对谁都不怀好意的人，时下流行叫他们"极品"。

某次与广告公司的陈总一起吃饭，席间说起人力资源管理的话题，他一声长叹就打开了话匣子，对我说在他的公司里有个叫甄峰的"极品"员工非常让他头疼。人如其名，很多时候他和其他领导都怀疑甄峰是不是"有点儿疯"，我以为他发愁解雇的问题，但愁眉紧锁的老总接着说："唉！就这么个逮着谁扎谁的刺儿头，搅得大家心神不宁的，却不能辞掉，所以我才这么发愁。"

原来这个被称为"极品"的员工甄峰是陈总一个老同学的儿子，大学毕业没几年换了好几份工作了，在哪儿都干不长。他爸爸跟陈总是大学时的舍友，还是上下铺的兄弟，那感情不是一般的深厚，这次为了儿子的工作又是送礼又是拜托的，陈总想也没想就应承下来，还对老同学信誓旦旦地说："咱哥俩是什么关系，你这宝贝儿子跟着我绝没有亏吃，你就放一万个心吧！"这事说来虽是陈总思虑不全欠妥当，但考虑到自己开了这么大一公司，给人安排个行政助理还是不成问题的，哪承想，甄峰进了公司，陈总的噩梦就开始了。

甄峰的性格跟他那个憨厚的老爹可是一点儿也不一样，他的脸上总堆积着厚厚的阴云，开始时同事们都以为他只是不习惯新环境的缘故，等大家熟络了就会热情起来。渐渐地，人们发现甄峰的敌意并不是因为初来乍到紧张所致，他的愤世嫉俗和心胸狭隘先是让负责带他的小吴碰了一鼻子灰，又让两人共同的上司王主任生了一肚子气。3个月试用期满时，主管领导怎么都不肯在其转正通知上签字，还是陈总亲自出马，才破格给他转了正。

转正之后，甄峰不仅没有转变态度虚心工作，反而更抵触工作了，周一上午的部门晨会他不愿意参加，还冷嘲热讽地说纯粹是在浪费生命；主任让他出去给客户送份文件，他磨蹭了半天也没动身，被主任问起送到了没有，竟然反问主任为什么让他做低级的体力活。有一天中午，部门为一急件赶工，大家都在加班，主任看他闲着，就让他去买些盒饭回来，吃完饭好继续忙。没想到甄峰却气得嘴唇发抖，攥着拳头一字一句地对他说："我是正经大学毕业生，来到这个公司是做行政助理工作的，不是给你们跑腿买盒饭的勤杂工！"呛得主任不想跟他理论，只好找到陈总吐苦水。这种事多了，陈总也充分领教了这个"甄大少爷"特立独行、敢为天下先的别扭性格。就算真有一两个员工对他不那么友善，也不能整个公司上下连保洁、保安、送快递的都欺负他啊……说到最后，陈总自己也气得不行，猛灌酒，看样子，他恐怕是铁了心要解决甄峰这个麻烦，不用猜就知道甄峰在这家公司做不久了。

抵触情绪是一种深层次的负面情绪，一般体现为针对某些个人、独立或相似事件、特定行为、某种环境的抗拒和敌意。偶尔产生这样的"小别扭"无伤大雅，只要及时调整心态或者疏解一下也就过去了，但发现自己有时间持续性、对象广泛性的抗拒情绪产生时可就要提高警惕了。像甄峰那样的性格，在每个公司都待不久，因为他对人对事的敌意不仅影响了自己的职业发展，也干扰了同事之间正常的沟通和协作。

我们虽然不至于像甄峰那么极端，但在工作压力下偶尔也会产生类似的反抗情绪，要学会克服对抗心理，平复冒尖的焦躁心情。比如：

1.在感觉到他人冒犯了自己而不高兴或者看他人的言行不顺眼时，首先力求回避刺激源，老话说得好："眼不见，心不烦，转身向后，怒去一半。"

2.怒从心头起的时候，要及时检查自省，看看是不是毫无原因就陷于了"敌对心理"的旋涡，如果正是这样，可以考虑做些别的事情转移注意力，在大脑皮层里建立另外一个兴奋灶，或者深呼吸、原地做几个蹲起，缓解心跳加快、呼吸紧迫、脸色难看等应激反应。

  3.如果能明确自己的抗拒与不爽源自虚荣心强、感情脆弱，则要返回源头处疏导压力，将事先自我提醒和事后反省纠正形成思维习惯，善意理解并尊重他人，学会感恩而不是满心不平衡地苛责别人。

好心情的保持还需靠
自我的调节

据世界卫生组织研究表明，目前约有70%的职业人士，不同程度地生活在亚健康状态中。坏情绪长时间得不到发泄，会引起慢性疲劳、代谢异常等症状。特别是现在的职业人士，处在事业和家庭的风口浪尖，肩负重任，难免遭受挫折和失意。

生活和工作的压力固然是有的，但好心情的保持还需靠自我的调节。要想拥有好心情，我们必须学会适时地放过自己，别跟自己较劲，这才是快乐生活的关键。别跟自己较劲，就是告诉你要时刻保持快乐的心情，不为得不到而悲伤，不刻意追求，该做什么就做什么，保持自己内心的快乐才是幸福的源泉。

周先生是一家国企单位的业务科长，平时的工作压力就不小。作为部门负责人，他是考量各部门一年工作业绩的中心人物。近年来公务员的门槛越来越高，能进入国企工作的都是各个领域的佼佼者。因此，要管理好这样的下属并不轻松。俗话说，人多的地方是非多，周先生所在的部门当然也不能免俗。之前，下属之间的纷争早已令他头痛不已，他稍有处理不慎，就会成为被责难的中心。

部门里的小刘家庭条件很好，在部门里说话做事很随性，从不顾及别人的情绪，再加上他的工作业绩始终名列前茅，很多人看他不顺眼，暗生了嫉妒之心。周先生作为部门负责人，公正地肯定了小刘的工作业绩和能力，因此遭到了其他下属的非议。

周先生真是既气愤又委屈，心绪始终无法平静。在单位，他把怒气撒在小刘身上，把小刘搞得一头雾水，辨不清缘由。回家后，他又把脾气撒在妻子和孩子身上。

周先生的妻子知道了原因后，为了让他尽快调整好心态，就充当起他的心理医生。妻子让他换位思考，从员工的角度去想，他们现在的言行其实完全可以理解。于是周先生试着照做，效果还不错。事实上，立场不同，考虑问题的角度也会不同。倘若彼此都能多点儿体谅，尤其是当发生利益冲突时，能保持平和的心态，实事求是，就事论事，那么，无论上司与下属，还是同事之间，融洽相处应该不会很难。

工作、生活中的琐事，有时多得令人抓狂。要想自己快乐，对于一些没有原则之争的琐事，纵然不合自己的心意，也可以"糊涂"为上。事情不论对与错，好与坏，内心不论快乐与痛苦，还是光荣与耻辱，都是来了又去，去了又来，它们终究都是过客，都会变成句号。我们只有善于把烦恼抛之脑后，才能活得五彩斑斓，才能体会云淡风轻。

跟自己较劲并不能帮你理性正确地处理事情，反而会令你越来越偏执。有时候跟别人过不去，就是跟自己过不去，最后还让自己陷入了气愤中，伤害自己，这又是何必呢？放过别人，放过自己，在不较劲的状态中，才能延展生活的快乐。

总为一些小事而心烦，
是不理智的

周吉就职于一家很多人羡慕的银行，但他每天都觉得很不愉快。因为工作时必须面对许多顾客，但并不是每一位顾客都能理解他的工作。有时，不管怎么努力，却还是免不了要引来客户的质疑与投诉。

"会不会处理事情？一个简单的户都销不掉！"

"前边的人存的是金子吗？都15分钟了还没轮到下一位！"

……

每天，周吉都拖着疲惫的身体回家，就像刚从战场上下来一般。由于在工作上的隐忍，周吉的脾气开始变得暴躁，经常将无名火发到家人身上。

周吉觉察到了自己性格的变化，他虽然不喜欢这样的改变，但却不知道如何疏导自己的情绪。他越来越消极怠工，甚至出现了辞职的念头。

周吉的一个朋友是火车站售票员，她也遇到了和周吉一样的烦恼。她按规章制度办事，却常常有顾客威胁说要投诉她，甚至把事情闹到网上，引来网友的讨伐。

开始时，她曾想不顾一切地辞职。但是她最终想明白了，尽管生活纷繁复杂，但那些无聊的干扰，都是从自己的内心开始的。

她劝慰自己，每一份工作都有它的不如意，假如自己一时冲动辞了职，下一份工作就一定能不再遭受委屈吗？

她说，我们的生活就是由许多鸡毛蒜皮的事构成的，但活成什么样子，全凭心态。假如我们将这些不愉快看得太重，那么我们永远也开心不起来。就像印度诗人泰戈尔所说的一样："如果你为失去太阳而哭泣，你也将失去星星。"

如果一个人时常为鸡毛蒜皮的事斤斤计较，只怕心灵之船不堪重负，记忆之舟承载不下，这样痛苦也会随之而来。所以，我们每个人心中都应该有一块橡皮擦，适时地擦掉那些不愉快的记忆。

周吉最终没有选择辞职，而是选择了改变自己的心态，将工作的归工作，生活的归生活，并坦然面对工作中的一切，绝不把工作中的负面情绪带到生活中。事情就是这样神奇，心态改变后,周吉简直判若两人:改变前是无限的痛苦,改变后是无尽的快乐。

他感叹说:"之前每天都为一些小事而心烦,真是太不理智了。"

相信周吉的经历很常见,而不是个案。对于一个成熟的人来说,生命中有太多事要做,与其花时间纠结于一些微不足道的事,倒不如好好利用现有的时间,来做一些终将有所成就的事。

人生就像一场长途旅行,走走停停,沿途会看到各种各样的风景,经历许多未知的坎坷和磨难,如果对过程中的每一件小事都念念不忘,就会给自己增加很多额外的负担。还不如一路走一路忘记,让自己永远保持轻装上阵的状态。对于很多经历过坎坷和艰辛的人来说,我们许多人日常所纠结的事情真是太微不足道了。

女星林志玲在央视的一档节目《开讲啦》中讲述了自己的一段亲身经历:她模特出身,工作努力,可网络上却有许多人恶意称她为"花瓶",说她靠身材搏出位。开始,她会偷偷登录社交网站看那些不好的评价,把自己刺得生疼,在黑夜里哭泣。有很长一段时间,她拒绝出现在公众面前。那是她人生中一段黑暗的日子。后来,她遇到了一件令她改变一生的事。她说,在那件事之后，许多从前她放不下的事情都释然了。

那是一次坠马事故。这次事故让她断了六根肋骨，医生说只要再往上一厘米，她就不会出现在这里了，那是她第一次如此接近死亡。

她停工一年。后来，回忆起那些在病床上连呼吸都困难的日子，她第一次觉得能活着是多么美好。出院复工后，她对待生活的态度变得积极了，以前觉得无法接受的那些外界的评价，她统统都不在乎了。她认为，老天爷给了她重重一击是为了要考验她够不够坚强，有没有宽广的胸襟面对未来的一切。做人应当温柔且有力量，她说与其在意别人的否定，不如更加认真地活着，更加努力地工作。

人要活出简单来并不容易，要活出复杂来却很简单。如果不经历生死，林志玲或许没有如今这般超脱，我们许多人有时或许也正因为生活得太惬意了，才会遇到一点儿不顺心的事就无法敞开心怀，最终搞得自己闷闷不乐。

其实想想，生活中哪有这么多不开心的事情呢？有时我们太在意这些小事，往往是得不偿失。好好生活的诀窍其实只有三个字：断、舍、离。断绝不理智的想法，舍弃微不足道的事，离开那些令我们变得糟糕的人与事，告别讨厌的日子，用更智慧的方式生活。也只有认清当前的一切，正视生命中让我们不开心的那些小事，把心态放正、放平，告别我们心中的"小格局"，不再拘泥于生活中的小事，我们才能更好地生活，也才不会让未来的我们，讨厌现在不理智的自己。

世上本无事，
庸人自扰之

曾跟朋友讨论，一个人在什么样的情况下最糟糕？她答：自己没事找事的情况最糟糕。很多时候明明没有什么事，而我们却因为想太多，疑神疑鬼，觉得自己受到了伤害，也把身边的人折磨得伤痕累累。

有些人因为多疑猜忌，别人的一个眼神、一句话，都能让他们浮想联翩。这种人明明与他人相处得没有那么恶劣，却很容易在脑海中想象别人与自己针锋相对的样子，长此以往便形成了一种错觉，觉得别人在处处针对自己，自己自然也就处处为难别人，最后人际关系也越来越糟糕，朋友圈只会越来越小。

这个世界有两种人：一种人是因为看见，所以相信；另外一种人是因为相信，所以看见。

菁菁就属于第二种人，她用她的敏感多疑、冲动、不理智，亲手毁掉了自己的幸福。

菁菁本来在一家外企上班，但因为孩子小没人照顾，不得不放弃了自己喜爱的工作，做了全职妈妈。起初，菁菁总想着孩子大点儿后能重返职场，可她的老公总是劝菁菁留在家里，一方面能照顾好家庭，另一方面菁菁也不用那么辛苦工作。

老公总对菁菁说，看着他们单位里的那些妈妈们，每天跟男人一样在职场拼杀，晚上还要辅导孩子功课，周末不是加班就是带孩子上辅导班，没几年时间，都累成了黄脸婆。他可不想让自己的老婆也受这个罪。

菁菁听了，心里暖暖的。她知道，老公这几年工作很拼命，就是为了给她和孩子创造一个好的生活条件。这么多年来，菁菁除了在家带孩子，两家老人有什么小病小痛也都是菁菁一手照顾。他们夫妻二人一个主外，一个主内，小家庭可谓和谐美满。

可是，菁菁毕竟是受过教育、有着职场经历的成熟女性，她心里明白，这个小家庭的确需要她的照顾，可是，看着老公职位越升越高，回家的时间越来越少，她的心里总有一丝不安和担忧。

一天晚上，照顾孩子休息后的菁菁与闺密在微信聊天。闺密和菁菁八卦起自己单位里最近发生的"小三事件"，临结束还不忘调侃菁菁驯夫有术。

说者无心，听者有意。原本别人的一个八卦谈资，菁菁却听到了心里，开始胡思乱想起来："老公最近回家都懒懒的，对我的态度是不是太冷淡了？他怎么出差越来越频繁？上次怎么那么晚还有女的给他打电话？如果离婚了，我和孩子怎么办？"

自从那天晚上和闺密聊天以后，菁菁怎么看老公都觉得可疑，那些在影视剧里才有的情节，都在菁菁的生活中真实上演了：打电话查岗、偷查老公手机、莫名其妙地闯到老公办公室……

再后来，菁菁和老公之间只剩下没完没了的吵架和冷战。菁菁的老公一直不明白，自己的老婆怎么突然变得如此不可理喻。时间长了，他越来越不愿意回家……

原本一个幸福的小家庭，就这样被菁菁无厘头的猜忌搞得鸡犬不宁。如果菁菁能够分清楚哪些是幻想，哪些是事实，理智地处理好夫妻间的关系，或许事情就不会发展到后来的样子。

事物与事物之间是有联系的，我们的心理状态将会直接影响到我们待人处事的态度。我们一旦心态偏激、不理智了，我们为人处事的方式也会相应产生偏颇，会直接给我们的生活与工作带来极其不良的影响。

其实我们的生活大多都没有我们想象中那么糟糕，许多痛苦都是庸人自扰。试想，那些曾经使我们困扰和焦虑的事情，有多少变成了现实？

我们活在这个世上，需要承受的压力已经很大了，别再幻想出一些莫须有的痛苦来伤害自己。我们需要理智一些，相信自己会拥有开心自在的生活。要知道，伤害我们的，往往不是事情本身，而是我们对待事情的态度，幻想出来的痛苦也一样可以伤人。

用平常心生活

世间万物都是自然而然、平等、平常的。无论你身处顺境还是逆境,都没有必要去怨天尤人,只要时刻保持一颗平常心,懂得适时调整自己的心态与尊重生活中那份与生俱来的"平淡味",那么你就会收获真正的幸福。

刘岚大学一毕业就嫁给了她的大学同学,两人是裸婚,婚后租着房子住。同学们都不看好她的婚姻、她的未来。那时的他们日子过得真的很简单。刘岚也没有享受过属于年轻女人的乐趣——购买漂亮的衣服、鞋子、化妆品,平时只是穿得干净得体。那时住的房子里也没有放几件像样的家具,但她却将屋子收拾得干干净净。当年的一些女同学都拥有了豪宅,开上了名车,但在她眼睛里却没有丝毫的嫉妒之意,她还是如以前一样过着自己的日子。

晃眼一过,就是十年,刘岚与丈夫已经开了一家商店。生意红火,他们夫妻的生活也比从前好了许多。他们住进了130平方米的大房子,有了自己的车子,也有了近千万元的存款。可她的穿着仍然没怎么改变,还是跟以前一样朴素,没有金闪闪的首饰,也没有浓妆艳抹,但这并不影响她身上那种别样的风韵气质;她的家也没有一件奢华的装饰,还是如从前一样简单干净,整洁舒适。同学们开始羡慕她这种简单的幸福了。每次同学们一说,她总是微微一笑,回道:"你也很幸福。"

刘岚是一个再平凡不过的女人,但她的人生却很充实、精彩,因为她有一颗平常心,懂得发现生活中的幸福,懂得用感恩的心品味生活。

人非圣贤,不是所有人都能达到一种无我境界。但我们至少可以努力去做到临危不惧,临辱不惊。就像刘岚一样,在日子艰难的时候,没有怨天尤人;日子富裕的时候,也没有得意忘形,始终怀着一颗平常心生活。平常心不是看破红尘、不求进取,平常心也不是消极遁世,而是一种境界,一种人生的积极态度。俗话说知足常乐,吃着碗里看着锅里的人永远快乐不起来。要知道捧在手里的,才是最好的,也最值得珍惜。

在这个充满诱惑的年代,我们有时会被名利蒙蔽双眼,羡慕名人的风光,羡慕有钱人的奢侈,于是用尽心思去争取自己想要的东西,有时候反而会弄巧成拙,有时候得到了也未必开心。就如《乱世佳人》的作者玛格丽特·米切尔曾说:"直到你失去名誉后,你才会知道这玩意儿有多累赘,才会知道真正的自由是什么。"辉煌的表象背后总藏着一颗疲惫的心,仿佛那颗心为名利、为他人而活。想要活得自在,想获得幸福快乐,就得用平常心生活,用平常心看待生活中的各种诱惑。

学会控制自己的
"抵触情绪"

英国哲学家托马斯·布朗说:"当你嘲笑别人的缺陷时,却不知道这些缺陷也在你内心嘲笑着自己。"

苏拉和朋友在一间高雅的西餐厅里小聚。不多时,邻桌的一位女士开始打电话,提到了婆婆、孩子、婚姻,看样子是在跟丈夫通话。那位女士越说情绪越激动,最后竟然开始爆粗口,吵嚷了半刻之后,气急败坏地走了。苏拉望着那女士离开的身影,摇了摇头,低声地跟朋友说:"何必呢?就算真的过不下去了,好聚好散,用不着像仇人似的吧?"

她们继续天南海北地聊着,后来竟谈到了家庭的问题。苏拉和丈夫都上班,孩子一直是婆婆照看,两代人在如何管教孩子的问题上存在很大分歧,婆婆的不少做法,苏拉心里很不满。她像压抑了很久终于找到发泄的机会一样,和朋友说婆婆如何溺爱孩子，丈夫在这个问题上立场多不坚定……朋友看着她，没有一句安慰，反倒笑了，说："瞧，你现在不也发脾气了吗？说丈夫，说婆婆，只是分贝低了点二，没刚才那位美女的火气大。"

苏拉叹了口气说："唉，遇到这样的事，估计谁心里都觉得憋屈。看来，以后不能随便说别人了，因为自己做的也未必好。"

切忌看到某些不入眼的人和事，就觉得对方没有修养，没有内涵，或是默默地鄙夷，或是直截了当地指责。事实上，没有谁的灵魂那么完美，当我们从别人身上发现瑕疵的时候，也正是自己暴露缺点的时候。没有置身于当事人的立场，感受不到对方的心情，就主观地评头论足，其实也是一种苛刻和浅薄。

沈月在地铁上看到一位母亲不知何故对年幼的孩子破口大骂。她当时就想："这个女人太过分了，大庭广众之下不注意一下自己的形象。再者，孩子也是有自尊心的，怎么能这么训斥他呢？如果以后我有了孩子，不管碰到什么事，都不会这么发脾气。"

可就在那天沈月回到家后，突然发现自己电脑桌上的水晶球不见了。她问过母亲后才知道，原来是四岁的小侄子在屋里跑闹，不小心把水晶球给摔碎了。那个水晶球是她逛了很多家店才买到的，很是喜欢。虽然沈月心里很明白，小侄子只是无心犯的错，可她还是忍不住大发雷霆，吓得小侄子哭了半天。发过脾气之后，她突然想起地铁上的那一幕，暗自感叹："原来，我也会像那个女人一样对待孩子，我也会有缺少宽容和耐心的时候……"

德国作家托马斯·曼说过："不要由于别人不能成为你所希望的人而愤怒，因为你自己也不能成为自己所希望的人。"没有谁是完美的，也没有谁是不会犯错的，那些我们不喜欢的人、看不惯的人表现出来的特质，可能在我们身上也会找到。静下心想想：当你指责爱人痴迷于游戏废寝忘食的时候，你自己是不是也会痴迷于逛淘宝而迟迟不肯休息？

要做个心平气和、善解人意的人，就要学会控制自己的"抵触情绪"，不要动不动就在一旁指责别人的错，苛责别人的缺点。当你发现自己对别人表现出的某些特质感到厌恶、忍不住想挑剔的时候，不妨回想一下，自己是否也有过类似的情况？是否有过比他还要失控的时候？用当时的自己，和此刻看到的对方，做一个对比，也许你就不会那么愤怒了，因为你会发现，每个人都不完美。

电视屏幕上出现了这样的画面：妻子偶然发现丈夫有外遇，

发疯一样地冲到丈夫的办公室,和他大吵大闹,俨然是个泼妇。丈夫原本有些悔意和歉疚,可见此情形,竟然坦白承认了,还反过来数落妻子的不是。

陈楚眉头紧皱,有感而发:"这女人疯了吧?太不理智了。为什么不私下跟他谈谈呢?弄得满城风雨,对你有什么好处呢?太看不惯她这样的人了……"丈夫在旁边撇了撇嘴,说:"如果是你,反应可能比她还要激烈呢!上次因为一点儿误会,你就不依不饶了……"

听丈夫这么一说,陈楚只好以笑作罢。对于电视里的女主角,陈楚的厌恶感逐渐变成了一种同情:在男主角最穷困潦倒的时候,她不离不弃,陪他一起创业;公司刚起步的时候,她起早贪黑,风里来雨里去,付出了太多的艰辛;结婚十几年,她悉心地照顾他的父母、抚育他们的孩子,里里外外的事都是她一人在打理,为的是让他能安心发展事业。如今,他飞黄腾达了,却忘记了昔年的旧情,忘却了还有一个为他日夜操劳的人。换作是自己,势必也会感到心寒和愤怒。

如此想来,陈楚对女主角歇斯底里的疯狂举动,也多了一份理解和体谅。尽管对她处理问题的极端方式不敢恭维,可至少能全面地去看问题了。不盲目地指责一个人,更不随意产生厌恶的情绪,否则的话,自己也是在朝着极端的方向走了。

我们无法控制别人的情绪，更无法支配别人的言行。我们能做的，就是在看到一些不美好的事物时，多一份理解，多一点儿同情和体谅。微笑着与生活和解，悦纳不完美的人和事，才能逐渐提升自己的修养，掌控自己的心境。

掌握人际交往的分寸

在人际交往中，有些人待人很热情，自我感觉亲和力很强，但好像对方并没有受到其热情的感染，反而反应冷淡，这是为什么呢？

从心理学角度来讲，每个人都需要有私人空间，表现出来，就是需要和别人保持一定的距离。不同的人所需要的"距离"是不同的，有的人需要的少，表现得就不是很明显，甚至自认为是"事无不可对人言"，和朋友亲密到可以穿一条裤子。但有的人需要的这种心理距离或者说是"空间"就多一点儿，不愿轻易让他人触碰到。

举个浅显的例子，当我们去候车室等车的时候，看到休息区的长椅上还有很多空位，你是会坐到陌生人的身边呢，还是会保持一些距离坐得离他远一些呢？90%以上的人都会选择坐得远一些。这是心理气泡存在的缘故，每个人都像是被包在这样的气泡里一样,只不过气泡有大有小而已。

所以,要做一个受欢迎的人,就一定要了解这个道理,千万不能一厢情愿地靠近,以免不小心侵犯了他人的心理气泡。

有一个寓言故事:冬天来了,天气变得越来越冷,鸟儿们都飞去温暖的南方过冬了,连松鼠都躲在树洞里不肯出来。森林中有几只豪猪冷得直发抖,它们为了取暖就紧紧地靠在一起,可是它们不像兔子们那样柔软,可以聚成一团来取暖。豪猪的身上长着坚硬的长刺,当它们彼此接近的时候,那些长刺就会不自觉地张开,把对方扎得直叫唤。因为忍受不了彼此的长刺,它们尝试了几次后就都各自跑开了。

天气实在太冷了,豪猪们不得不再次聚在一起,可是靠在一起时的刺痛使它们不得不再度分开。就这样聚聚散散,不断在受冻与被刺这两种痛苦之间挣扎着。

最后,经过多次尝试,豪猪们终于找到了一个适当的距离,既可以相互取暖,又不至于被彼此刺伤,于是它们安安稳稳地度过了这个寒冷的冬天。

当然,心理气泡又分许多层,由于人们之间熟识的程度不同,所能接近的气泡范围也不同。比如说,我们去参加某人的婚礼,来宾很多,有认识的,也有不认识的,我们自然会选择和认识的人聚在一起。而这些认识的人里面,又可能分为不是很熟悉的人和比较亲近的朋友，那我们自然又会选择和亲近的朋友在一起。如果这些亲近的朋友里有一两个是我们的至交好友，那很显然我们最后一定是和至交好友挨得最近。在这个例子里，我们的心理气泡便分了多个层次，我们只允许最亲近的朋友离自己最近。

这个气泡代表着隐私和空间，人们一方面需要与他人建立亲密的关系，另一方面又需要心理上的自由，需要有一定的独享的心理空间。所以，我们在人际交往中，不论和对方关系有多好，也要保持一定的距离，给对方一定的心理自由空间。这种适当的距离，会使彼此更舒服和自在，关系也会更融洽和谐。

奚奚觉得很烦恼，她是一名初三的学生，可是她烦恼的不是准备考高中的事，而是自己的好朋友小惠。

奚奚和小惠从小学起就是好朋友了，像一对亲姐妹似的。小惠对奚奚非常好，要是看到奚奚面有忧色，就一定会打破砂锅问到底，而且遇事绝对会拔刀相助。可是奚奚偏偏受不了小惠这样，每次连她日记本里写了什么小惠都要问个清楚，去她家玩的时候也不把自己当外人，自己动手从奚奚的抽屉里找东西，这些都让奚奚有些反感。于是奚奚便下意识地疏远小惠，可是小惠很难过，饭也吃不下，整天眼泪汪汪的，这让奚奚觉得自己实在是太坏了，只好向小惠道歉，两个人又重归于好。

可是用不了多久，奚奚便又开始烦小惠的"缠人功"，之前的情景就又会上演一遍。久而久之，两个人都很痛苦。

其实奚奚的苦恼在成人世界里也是很常见的，我们常常会遇到这种人，我们能看到他们的好心，却难以接受他们的好意。这是因为，他们不懂得把握一个度，过分的热情刺破了我们的心理气泡，令我们感到紧张和不适。

掌握人际交往的分寸是一门艺术，尊重他人，就要尊重他人的隐私，尊重他人的生活，尊重他人的习惯，这不仅是人际交往的艺术，也是个人修养的表现。如果不能把握好这个度的话，往往会在不自觉中触碰到对方的心理气泡。毕竟彼此来自不同的生活环境，接受不同的教育，即使彼此之间相似度再高，也不可能完全相同，不可避免地会存在差异。

亲人之间，距离是尊重；爱人之间，距离是美丽；朋友之间，距离是爱护；同事之间，距离是友好；陌生人之间，距离是礼貌。适当的距离是我们表达爱的最佳方式。没有距离的相处是一种自私的表现，因为只想着自己而没有顾及别人的感受。所以，人与人相处需要尊重对方的心理气泡，给对方保留一定的心理空间，让对方处于安稳平静的状态中，也只有这样，友谊才会长久。

第三章

情绪转移,
避免走进死胡同

跳出"死胡同",
避免钻牛角尖

老鼠钻到牛角尖里去了,一直钻到它跑不出来,却还是拼命往里钻。牛角对老鼠说:"朋友,请退出去吧!你越往里钻,里面的路越狭窄。"

老鼠生气地回道:"哼!百折不回讲的就是只前进,不后退的!"

牛角无奈地说:"可是你的路走错了啊!"

老鼠说:"我一生都在钻洞过日子,怎么会错呢?"

最终老鼠还是坚持自己的意见。不久,老鼠就活活闷死在牛角尖里了。

在现实生活中,有些人就像老鼠一样,钻进了"牛角尖",却一直固执己见,最终害的还是自己。

人生不如意之事十之八九,人活一世,难免会遇到各种各样的事情。虽然很多事情都是我们无法掌控的，但至少我们可以掌握自己心的方向，为自己换来柳暗花明。有些事情不需要放在心上，凡事看开一点儿，不必太在意得失。人要活在当下，珍惜自己拥有的一切。面对失去的，我们要学会大度地放手。坦然面对失去，不要钻"牛角尖"。

晴雯一直是个很乖巧的女孩。在高中时期，她爱上了自己的学长阿俊。在学长即将毕业的那年，两人确定了恋爱关系。之后，学长考到了天津的某大学，晴雯也追随学长去了天津。之后的岁月里，两人一如既往的甜蜜。晴雯一直非常爱他，无微不至地照顾着他的饮食起居。

五年后，学长阿俊突然跟晴雯说："我们分手吧，我觉得我们不合适。"听到此话的晴雯犹如五雷轰顶，瘫坐在地上。晴雯是个把爱情看得很重的人，不甘心分手的她，尝试了很多方法去挽救自己的爱情。求过、哭过、哄过……能用的方式都用尽了，学长阿俊还是那样的决绝。

之后的晴雯，每天都躲在学长出现的地方等他，只为了看他一眼。有一次，看见学长一手温柔地搂着新女友，一手拎着购物袋，从超市出来。晴雯真不敢相信这就是学长阿俊，他怎么变得那么温柔、体贴？以前的他总是那么冷酷，连自己生病住院的时候，也没见过他的人影。眼前这个温柔体贴、细心的男人似乎很陌生。究竟自己做错了什么?

回家后的晴雯,越想越难过,越想越想不通,自己到底哪里不好,为什么学长会这样对自己?情绪淹没了理智,晴雯一步一步地走向自家的天台边缘。身后的妈妈迅速地抱住了女儿,号啕大哭。妈妈对女儿说:"傻女儿,人生哪有过不去的坎儿啊。匆匆一过就是几十年,你怎么那么想不开,那么爱钻牛角尖呢?失去了他,说明他多没有福气啊,这么好的姑娘放着不要。也许失去他,是你的幸福,嫁给一个不懂得珍惜你的男人多受苦啊。女人都是需要宠的,一定会有个愿意宠爱你一生的人来宠我们家的姑娘。好好活着,你会发现人生会有更多的爱,更多的精彩。"妈妈的话让晴雯的情绪慢慢地稳定下来了。

最后,晴雯在家人无微不至的照顾与关怀中,终于想开了:没有过不去的坎,天底下好男人多得是,况且我还有这么多爱我的家人。

也许我们当中有很多在情感中挣扎过的人,曾经也犯过类似的错误:为了某个人而遗忘了自我,为了某个人不顾一切,甚至连性命都不要。时过境迁,你发现那时的自己竟然是那么的愚蠢。执着有时固然能给人带来美好的人生,但若过分地执着,就是钻"牛角尖",这样不但无法帮助自己实现任何人生理想,反而会给自己带来麻烦和灾难。

当人的情绪失控时，人就会感觉自己是个受害者，进一步合理化自己的负面情绪和感觉。这样痛苦、委屈来袭时，人就会变成胡思乱想的奴隶，从而整天抱怨自己沦为受害者，整天怨天尤人，甚至暗地里诅咒那些曾经伤害过自己的人。很多时候，人就如蚕蛹一样，不停地为自己编织一个个精致而难破的茧，身在其中自寻烦恼。人啊，请做情感的主人，别再做爱的乞丐或奴隶。情绪决定关系的命运，情绪稳定的人，才有能力建立和谐的人际关系。

人生不可能永远一帆风顺，总有很多事情是我们无法控制，也无法改变的。对自己要求高是无可厚非的事，毕竟每个人都想做得更好，但无论什么事，都有一个尺度，太过了反而会阻碍事情的成功。凡事不要过于强求。失眠、抑郁、绝望、焦虑都是自己加在自己身上的枷锁。放开你的胸怀，放开你的视野，给自己一颗积极的心，给自己一个微笑，跳出"死胡同"，不钻"牛角尖"，这样，你的人生才会拥有更多美丽的风景。

给你的情绪转个弯

一位年轻人向一位老者请教。

老者问:"你为什么失意呢?"

年轻人回答:"我总是这样穷。"

"你怎么能说自己穷呢?你还这么年轻。"

"年轻又不能当饭吃。"

老者一笑:"那么,给你一万元,让你瘫痪在床,你干吗?"

"不干。"年轻人回答得很干脆。

"把全世界的财富都给你,但你必须现在死去,你愿意吗?"老者继续问。

"我都死了,要全世界的财富干什么呢?"

"这就对了,你现在这么年轻,生命力旺盛,年轻就是最宝贵的财富,又怎能说自己穷呢?"听完老者的话,年轻人又找回了对生活的信心。

其实，穷与富只是相对而言，并没有一个客观标准。一个人即使没有多少物质财富，但他有青春和生命，有奋发进取的精神状态，就不能说他穷。如果一个人热爱生命，就会感到充实和富有。美国心理学家艾里斯曾经提出一个叫作"情绪困扰"的理论，他认为，引起人们情绪结果的因素不是事件本身，而是个人的信念。

现实中许多遭受挫折的人，往往认为自己"倒霉"。其实他们的这些烦恼和不快，常常与自己的情绪有关，与自己看问题的角度有关。

能否战胜挫折，关键在于自己。假若一个人能在任何情况下都不被一时的失意和不快左右，永远怀着希望和信心，那么他就能从逆境和灾难中解脱出来。

辛普森夫人原名沃利斯·沃菲尔德，一个俘虏英国国王的女人。她曾经拥有过两次婚姻，第一段婚姻是相当不幸的，她的丈夫不仅是一个酒鬼，还常与别的女人有染。沃利斯最终决定离婚，但她在这段低潮期并没有让自己停下来，也没有成天以泪洗面，反而积极地拓展社交，期间认识了辛普森先生，沃利斯成功地再婚了，嫁给了商人辛普森先生。之后她跟随辛普森先生来到了英国。不久，沃利斯邂逅了37岁的英国王储爱德华，两人很快地坠入了爱河。

沃利斯出身贫寒，比王储年长，还有过两段婚史，英国人怎么能接受这样一个只接受过中等教育还离过两次婚的美国中年妇女作为自己国家的王后呢？但王储爱德华在继承英国王位后，却执意要娶沃利斯为妻，这件事遭到了英国政府、英国国教及海外领地政府的强烈反对，于是爱德华选择退位，成为英国历史上在位时间最短的君王。爱德华的弟弟约克公爵艾伯特继位后赐予爱德华"温莎公爵"的称号，赐予沃利斯"温莎夫人"的称号。温莎公爵公开对她表示："如果让我再选择一次，我还是会选择你。"

从沃利斯身上我们可以看到积极能创造幸福。倘若她在遭遇酒鬼丈夫之后，执意不离婚，对丈夫的寻花问柳睁一只眼闭一只眼，甚至想尽各种办法去取悦丈夫，那么她还会成为后来的传奇吗？我们每个人都会遭遇挫折，关键是我们要用积极的心态来对待，而不是一味地让自己陷在痛苦的泥沼中，以至白搭上一生。其实人生中很多的幸福都是转念一想。分手或许是命运在暗示你，这个人不适合你，宠你的人只要转身你就会看见。

其实很多事情并没有想象中那么糟糕，换个角度来看，也许就豁然开朗了。想要追求幸福的生活，就必须让自己的心灵从悲观的圈子里走出来。转念一想，你会发现幸福一直在你身边。

面对同一件事，想得开就是天堂，想不开就是地狱。

任何事情都有两面性，如果你只是看到事情不好的一面，那你就会一直处于消极的情绪中，如此下去，你将永远被消极的情绪奴役，得不到快乐。

其实生活中很多困难和挫折，没你想象中那么可怕，它们都是纸老虎，当你转念一想，你会发现眼前一片开阔，阴霾的天空也终会放晴。

捕捉生活中的美好

上天给了每个人独立思考的大脑，有的人用它来捕捉生活中的美好。他们从枯树的一粒嫩芽上看到春天的消息；在迁徙的候鸟鸣声中听到它们对家的渴望；从巷弄中打闹嬉戏的孩子的笑声中，回忆起自己无忧无虑的童年；他们听到任何一句美丽的话语时，会想起自己深深眷恋着的爱人。

而大多数人，却用它来发现生命的苦痛。他们在花草衰败时想到自己易逝的年华；在夜深人静独醒时觉察到人生的虚无与荒诞；在人生的低谷时，更是满脑子挥之不去的对未来的不确定与忧虑。他们常常想，为什么别人会过得那么洒脱自在，而偏偏自己愁眉苦脸？

可生活这件事情，本就是如人饮水，冷暖自知的。忧心忡忡的人看到的清冷月光，难道不正是快乐的人眼里皎洁的月光吗？所以要对那些容易情绪低落的朋友们说：与其让忧虑毁了你的快乐与健康，倒不如学着放下那些不必要的忧虑。内心的平静和我们生活中的种种快乐，并不在于我们身在何处，拥有什么，或者我们是什么人，而在于我们的心境如何。

300多年前，弥尔顿在失明后也发现了同样的真理："思想的运用和思想本身，能把地狱造成天堂，把天堂造成地狱。"

拿破仑和海伦·凯勒，是弥尔顿这句话最好的例证：拿破仑拥有普通人所追求的一切——荣耀、权力、财富，可是，他却对圣·海莲娜说："我一生中从未有过一天快乐的日子。"而海伦·凯勒，一个失去听力、视力的女子却表示："我发现生命是如此美好。"

除了你自己，没有什么可以带给你平静。

爱默生在那篇著名的散文《论自信》里说过："如果有人说，政治上的胜利、财富的增加、疾病的康复、好友久别重逢，或者其他纯粹外在的东西能提高你的兴趣，让你觉得眼前有很多的好机会，不要相信，事情绝对不是如此简单。除了你自己以外，没有人能给你带来更多的机会。"

依匹克特修斯，一位伟大的斯多葛学派哲学家曾告诫人们：我们应该想方设法剔除思想中的消极观点，这比割除身体上的肿瘤和脓疮要重要得多。

2000年前的这句话，也得到了现代医学的证明。坎贝·罗宾博士说："约翰·霍普金斯医院收容的病人中，有4/5的疾病都是由于忧虑引起的，甚至一些生理器官的病例也是如此。寻根究底，许多问题都可以追溯到心理的不协调。"

伟大的法国哲学家蒙田曾将以下这句话作为自己生活的座右铭："人们因意外事件所遭受的伤害，不及因自己对这件事情的看法更深。"而对所发生的一切事情的意见，完全取决于我们自己。

当你困扰于各种烦恼与忧虑之中，整个人精神高度紧张时，你完全可以凭借自己的意志力来改变你的心境。

美国著名的心理学家威廉·詹姆斯曾经表达过这样一种观点："通常的看法认为，行动随着感觉而来，可实际上，行动和感觉是同时发生的。如果我们能使自己意志力控制下的行动规律化，也能够间接地使不在意志力控制下的感觉规律化。"

这就是说，我们不可能只凭"下定决心"就改变我们的情感，可是意志力却可以改变我们的行为，而一旦行为发生了变化，感觉也就会自然而然地改变了。

他继续解释说："如果你感到忧虑，那么唯一能发现快乐的方法就是振奋精神，使行动和言辞好像已经感觉到快乐。"

这种十分简单的办法是不是真的有效果呢？不妨试一试：告诉自己，曾令自己深深陷入忧虑的那件事情不过是小菜一碟；

脸上露出十分开心的笑容；挺起胸膛，深深地吸一大口新鲜的空气；唱段小曲——如果你唱不好，就吹吹口哨……这样一来，你很快就会领会威廉·詹姆斯所说的意思了：当你的行动显出你的快乐时，就不可能再忧虑和颓丧下去了。

女明星曼乐·奥伯恩在一次接受采访时说，她绝对不会让自己忧虑。因为忧虑会毁了她最重要的东西：美貌。

她说："当我刚刚踏入演艺界的时候，内心充满了忐忑与不安。我那时刚刚从印度回来，在伦敦没有一个熟人、朋友，却希望在那里得到一份工作。

"我去了好几家制片厂求职，却没有得到任何一份工作。那个时候的我，不仅忧虑，还天天饿着肚子。我告诉自己：'你这个傻瓜，也许永远也进不了影坛。你从来没有演过戏，没有任何经验，你除了拥有一张漂亮的脸蛋之外，还有什么别的东西吗？'

"我拿起一面镜子，看到镜子里自己的脸，我发现因为过度忧虑，我的容貌开始受到十分不好的影响。我看到自己脸上出现了皱纹，表情显得非常焦虑。于是，我对自己说：'你必须马上停止忧虑。你拥有的只有容貌，而你的忧虑会毁了它。'"

忧虑会使我们的表情难看，会使我们咬紧牙关，会使我们的脸上出现皱纹，会使我们一天到晚愁眉苦脸，会使我们头发变白，甚至脱落。

再举一个例子。有一对夫妇,他们的独子在珍珠港事变的第二天加入了陆军部队。母亲非常担忧儿子的安全,她常常会不自觉地想:我的孩子现在在什么地方?他是不是安全呢?他是不是正在打仗?他现在还好好地活着吗?在极度的忧虑下,她的健康严重受损。

那么,后来她是如何克服忧虑的呢?她说:"让自己忙起来。"她把女佣辞退了,希望做家务能够让自己忙碌起来,可是没有多少用处。因为做家务总是机械化地劳动,脑子完全是自由的,当她铺床时,洗碗时,还总是担忧着儿子的安全。她觉得自己需要换一个全新的工作方式,才能使自己在每一天的每一个小时里,身与心都忙碌起来。

于是,她来到一家大百货公司,当了一名售货员。她说:"这下,我发现自己像是掉进了一个不停运动着的大旋涡里:顾客挤在我的四周,他们问我价格、尺寸、颜色、样式等问题,我没有一秒空闲时间去想工作以外的事情。到了晚上,我也只能想着如何让双脚休息一下。当我吃完晚饭后,躺在床上,很快就进入了梦乡,既没有时间,也没有体力再去忧虑。"

这位太太便是以这种方式,将自己脑子里萦绕的忧虑赶走的。

她可以克服忧虑,你也可以,只要想赶走忧虑,每个人都可以做到。生活,原本就是一场前途未卜的旅程,若是你一味地为未来不确定的事情而忧虑,你如何能享受每一个自在的当下?若是你全身心地陷入某种忧虑而无法自拔,又如何有心力去改变现状?

  清空你脑子里的忧虑吧,试着去听鸟的叫声,去看繁花盛开,或者在某个百无聊赖只能胡思乱想的下午去咖啡馆或者书店,再或者约三两好友一起爬山、喝下午茶,聊聊曾经一起的欢乐时光或某个人的糗事,然后开怀大笑……总之,你能做的事情有很多,而不仅仅是忧虑。

别拿别人的优点来
折磨自己

世界上能让我们感到幸福的东西太多了，可生活中还是有很多人总是在哀叹自己的不幸，言语中流露出对他人的羡慕。这种不幸来源于比较。

心理学家说，比较是人的本能。人想要在社会和生活中取得自己所需的东西，必须有一个参照物。在某种意义上讲，比较是一种进步的动力，但这种比较不是盲目的攀比。人可以有小小的不满足，但绝对不能陷入盲目的攀比之中，否则就会失去自我，掉进不幸的无底洞中，最终只能自寻烦恼。

其实我们想要的幸福是很容易实现的，有些人却常常不知足，希望比别人幸福，比过了这个人，还有那个人，但"山外有山，人外有人"。幸福是经不起比较的，因为人对他人幸福的想象总是超过实际情况。

意如在一家外企工作。由于经济危机的冲击，公司为了开源节流，实行裁员，恰好意如也是其中一员。离职一个月后，还没有找到合适工作的意如越来越郁郁寡欢。好友程芳了解了意如的这种情况，心想毕竟两人是朋友，就把她介绍到自己的公司担任办公室文员。意如很生气地嚷道："你怎么可以叫我去当文员呢？我以前怎么说也是一个部门的主管，现在居然沦落到当文员，听起来多可笑。"

意如越来越消沉，还常常喝酒，醉了就大嚷："以前的我既美丽又自信，现在呢，居然穿着拖鞋和睡衣就出去逛超市、买菜；以前常跟姐妹们逛街娱乐，而现在我居然每天只能躲在家里看电视。为什么？"嚷完之后，就倒在沙发上呼呼睡去。

一天，她来到市场里的一家小店，店面积不大，却格外温馨，别具一格。店里的老板娘打扮得很干净，还化了淡淡的妆。意如感觉她不该属于市场，于是两人就聊了起来。

听完意如的事情之后，老板娘说："其实这没有什么的，我原先也很好的，我和老公有一家公司，那个时候我也是开着车，进出高档场所，每天打扮得漂漂亮亮，引来大家羡慕的目光。后来公司倒闭了，刚开始我和老公都很难接受，整整好几个晚上都没有合眼，周围的亲戚朋友们也投来异样的目光。现在不是也熬过来了嘛，你看我不是挺好的，每天守在这个小店里，没有以前忙碌，也没有以前那么担忧。反而有更多的时间享受天伦之乐。"

意如问："你不抱怨吗？你甘心这样吗？"老板娘哈哈大笑了起来，说道："说从没有抱怨过，那是骗人的话。刚开始的时候，也抱怨过，也不甘心，后来发现这些抱怨、不甘心的情绪反而让我一点儿也不开心，我为什么不扔掉它们呢？笑着活是活，哭着活也是活，我为何不笑着活呢？况且身边还有很多不如你的人，难道他们都不要活了吗？其实你仔细看一看那些不如你的人，他们其实活得很开心。"

跟老板娘谈完后，意如回到家，仔细想了想，自己其实并不是最惨的，最起码还有机会重新开始，于是内心燃起了一股想要上班的冲动。之后，意如就去程芳的公司应聘了。

有的人很容易看到别人比自己好的地方，并因此产生不平衡的心理。其实盲目地比较只会给自己增添无谓的烦恼。生活中的差别无处不在，其实每个人都有令人羡慕的幸福，也有别人看不到的心酸，只有懂得享受自己的幸福，一切痛苦和疲惫才会烟消云散。

俗话说得好："人比人，气死人。"我们应当学会换一种思维方式来对待生活，千万不要拿自己的弱势跟他人的强项作比较，也别拿别人的优越来折磨自己，生活就会多一分满足，多一分快乐。那么你会发现幸福一直在你身边。记住："比上不足，比下有余。"

知足常乐，
你可能是别人羡慕的对象

有人笑称在56个民族之外，还有着一个新的民族，叫作"不知族"。它的民众大多生活在繁华都市中，都有着还说得过去的生存条件，大部分处在温饱线上，有的甚至已经超越了小康水平。他们可能有着体面的工作，完整的家庭；有着能够遮风避雨的房子，不算很豪华却足以舒适地出行的车子；身体会有这样那样的小毛病却无大碍，但他们的内心却总是焦躁干渴，对社会和国家满是抱怨和指责，对他人拥有的一切好东西艳羡不已，仿佛永远不知道感恩和满足。我们的董小姐就是这样一位彻头彻尾的"不知族"。

董小姐模样清秀可人，有着一双亮晶晶的丹凤眼和一头齐腰黑发，但她不喜欢自己的样子，嫌自己睫毛太短，眼睛太小，鼻子不够挺，嘴巴不够小。头发烫了染、染了烫，不管是什么颜色,是垂顺还是卷蓬,总是感觉还不够迷人。她不口吃也不结巴,说得一口流利的普通话,却讨厌自己声音不似黄莺,干巴巴的,一点儿也不娇。她有一双巧手,能写能画,还喜欢做手工,但她总琢磨自己的手指怎么不像小说里写的"水葱茎",跟女明星比起来看着就粗笨。她一米六二的身高,体重常年保持在五六十公斤,还算匀称,却极度不满自己的身材,总在琢磨着怎么减肥,怎么增高,恨自己爹娘基因差,没把自己生出一双修长美腿,反而脖子短、水桶腰。大学四年,在一所蛮有名的高校读完了管理学,可她不喜欢自己的专业,想重新参加高考选择法律或者对外经贸,只怪时间不能倒流,世上没有后悔药。

董小姐有个在机场安检处工作的男朋友,高高的个子,浓浓的眉毛,憨厚可爱的小伙子,对谁都爱笑。但董小姐知道,她这个男朋友可不像看上去那么好,他神经大条不知道心疼人,他贪玩懒惰不怎么会做家务,他只有一辆已经开了七年的小破车,他没什么肌肉,唱歌还跑调。他虽在机场工作,却从没坐着大飞机出过国,他存折上的那点儿余额连一处像样的房子也买不了。跟电视剧里的男主角比,他缺点毛病太多,浪漫情趣太少。

董小姐毕业后在一个老字号饭店做大堂经理,每天穿着唐装小袄绣花鞋，在华丽的宴会厅里招呼来自全国各地的宾客。这样的工作对她来说太卑贱、太辛苦、太郁闷，每天应对的麻烦太多，月底拿到的薪水太少，与其说是不喜欢，不如说她是有些恨的，凭什么大学毕业的自己只能做这种伺候人的工作？凭什么别人坐着吃山珍海味，她却要站着看着，还要为了客人的无理要求东奔西跑？董小姐觉得自己压力好大，年纪轻轻就累出了一身病，虽然去医院查来查去也没什么具体病因，但她就是觉得腰酸背痛脖子发硬，白天没精神，晚上睡不好。就算没病也是"亚健康"，就算不能请假休息，也该少干点儿活，多做做按摩，少受点儿气，多被人宠一宠。

生活中的一切都让董小姐失望，她的父母没权势，男朋友没本事，她自己没什么傲人天资，也没有从天而降的机遇，有的只是每天无聊地上班下班。她觉得日子过得无聊透了，自己怎么那么倒霉，没有赶上好时候，没有赶上好命运。

从董小姐的故事中我们不难发现，她已经拥有了许多足以令人羡慕的东西，只要她能静下来，学会带着感恩的心看待自己周遭的一切，她的生活中一定会多出很多幸福快乐，少很多嫉妒和埋怨。

老子曾说："祸莫大于不知足，咎莫大于欲得。"说的正是人心不足蛇吞象，欲壑比什么都难填满。欲望就像一座随时可能喷发的火山,对现状的不满无限膨胀,会发展成贪婪善妒的习性,就可能让人在不理智的攀比中沉沦,迷失心灵的方向,不仅会使本来可以实现的愿望化为泡影,还可能把人引向毁灭。

觉得自己不幸福时,首先要想到这一点——你或许是很多人羡慕的对象:

1.那些看似理所应当的东西,比如健全的肢体、明亮的眼睛、说不上倾国倾城但至少正常的容貌,是多少人这辈子都不可能拥有的巨大财富。

2.不孝顺父母的人,不知道孤儿们的辛酸;不珍惜伴侣的人,也不知道人与人之间产生爱情是多么美好的体验。

3.吃穿不愁,受过良好教育,有着稳定收入,跟这地球上80%的人相比,已经是绝对的胜者、幸福者,还有什么资格去抱怨?

把心放宽，
学会"失忆"

人生不如意事十之八九，遇到不顺心、对自己生活无益的人和事，你要学会遗忘，放下思想的包袱，把心放宽，这样你才能轻松地享受幸福。

健忘仿佛是上天为了让人类活得更快乐而设计的一个程序，人在不快乐的时候，按一下"健忘"键就能删除体内那些影响幸福的"多余的程序及病毒"。时光不会停息，命运从来不给人回头的机会，所以我们要学会遗忘过去的伤痛和遗憾，用心向前走，去迎接未来的美好。

娟娟是有钱人家里的独生女，原本日子过得很开心。在娟娟二十几岁的时候，她遇到了自己生命中的男人欧阳。欧阳长得高大阳光，他第一次见娟娟时就俘获了她的心。在几个月的交往后，娟娟跟家人说，她要结婚。家人一片愕然，极力反对。

但反对似乎对娟娟而言没有任何效果,反而令她更想嫁给欧阳。在她的坚持下,最终还是跟欧阳结了婚。

几年后,娟娟的孩子也有五六岁了,父母都相继去世了,家里的财产由她继承。为了带好孩子,娟娟就将自己家的公司给了欧阳管理。没过多久,欧阳就跟娟娟说要离婚,他带了一个女人回家,说他一直不爱她,只是为了钱。得知真相的娟娟瘫坐在地上,一言不发。

娟娟赔了老公又损失了公司,最后人财两空。娟娟没有什么谋生能力,生活过得非常艰辛。每天除了在餐厅洗洗盘子,还要抚养孩子。被生活折磨的她开始每天抱怨、控诉,甚至咒骂:"我真是倒霉透了,在自己最美的年龄遇到那个没有良心的负心汉,赔了青春还损失了财产。现在还把自己搞得这么狼狈……我到底做错了什么,老天要这么惩罚我啊?"随着越来越多的抱怨,娟娟的生活越来越糟,身体也每况愈下,疾病、生活的不幸如暴风般地向她袭来。

直到几年后的一场大病,让娟娟终于领悟了。她说:"我不能再停留在过去了,我失去了钱财,被人骗了又能怎样?这都不及一个人能健康地活着。我为什么要让过去的不好来吞噬未来的美好,我有双手,有健康,就能重新开始。"经过一两年的努力,娟娟已经是一家小饭店的老板娘,也找到了爱自己的人,过着简单的幸福生活。

  娟娟最终能幸福，在于她选择了一条正确的幸福之道。她愿意走出过去的阴霾，忘记过去的伤痛，重新开始，如果她总是让自己停留在过去的阴影里，只会令自己受苦。

  在爱里面，有些人永远是执着的，这也注定了他们会因为爱情的远去，伤害加倍。他们可能会因为一次失败的感情改变对爱的看法，不再相信爱情；也可能会因为一个离开的人而拒绝任何人踏进自己的世界。可是活在过去，能换来新的幸福吗？

  据说鱼的记忆只有7秒，因此鱼总是在水中快乐地游来游去。为什么我们不能像鱼一样呢？将自己不开心的情绪在7秒之内都忘记。其实，任何事过去了，就没有重温的必要，我们的心理空间能有多大呢？背负太多的过往，就无法为未来留一席之地。一味地沉醉于过去，总希望重温旧梦，就会扼杀将要拥有的未来。为什么要用过去的痛苦来掩盖未来的美好？为什么不给未来更多的空间，为它做更多的努力呢？忘记不是要你彻底删除过去的记忆，而是要你真正做到放下那些令人不开心的东西，做到不逃避。只有打开自己的心结才能彻底地忘记过去，重新开始收获幸福。

  人生在世难免有起起落落，难免有悲伤绝望，想要自己在这条人生路上走得快乐，走得幸福，就要懂得遗忘，遗忘那些令自己痛苦和不幸的事情。转过身去,将所有痛苦的记忆都抛诸脑后,它们都与现在无关,当你放下之后,你会发现你的心境豁然开朗。这时,你已经把幸福握在自己的手心里了。

不要为失去的难过，
也不要为未来焦虑

女孩在10岁时，母亲患病去世，父亲是位长途汽车司机，很少在家，她不得不学习洗衣做饭，照顾自己；17岁那年，父亲死于车祸，她为了养活自己，必须学会谋生；20岁那年，她在一次车祸中失去了左腿，不得不学习用拐杖行走，她也因此学会了坚强，倔强的她学会了从不轻易地请求他人帮助。后来她用自己所有的积蓄开了一家店，然而一场突如其来的大火又将她的希望毫不留情地烧毁。

她终于忍无可忍了，愤怒地责问上天："你为什么要这样不公平地对我？"

上天没有回答她。

被激怒了的她大喊："我不会死的，我经历了这么多不幸的事，没有什么能让我感到害怕。终有一天我会创造出幸福的！"

人生在世，总会遭受到不同程度的苦难，世上并无绝对的幸运儿，谁都要学着去面对人生的苦难。逃避只会让情况越来越糟糕。既然无法改变苦难，不如想着怎么去解决。

一个人的心态直接决定了一个人的人生轨迹。当你带着健康积极的心态，即使身处逆境、四面楚歌，也能创造出一片"柳暗花明又一村"的境地。就如上文的"她"，因为选择坚强，终会获得幸福。

十年前，李菁嫁到了邻村，儿子刚出生，丈夫便因一场车祸不幸丧生，养儿赡老的重任就落在了李菁一个人身上，生活的现实与残酷给了她重重一击。几近走投无路的她经人指点，从镇上买了一些农药在村间倒卖。

李菁小学毕业，既不懂营销，也没有技术，只凭着良心赚些收入，还算能勉强维持家用。每次去乡镇购货，李菁都十分谨慎，小心翼翼地反复咨询和检查药品的质量和效果。有苦自己咽，有难自己扛。李菁始终坚持不坑害邻里乡亲的信念，竭诚为大家服务着，慢慢地，一传十，十传百，李菁逐渐在村民心中有了一定的信誉。

生意渐渐有了起色，于是李菁在自己家那座老瓦房旁盖了一间不足10平方米的毛坯房，开始正儿八经地经营她的农资零售店。之后李菁从上面派下来的做终端服务的业务员那里了解到，要想把生意做好、做大，就得不断地学习"营销与管理"。那是她第一次学习"营销"和"管理"。

无论生意做小还是做大，她始终坚持对老百姓负责的态度。通过不断地学习，她懂得了一些技术，也逐渐有了自己的思路。

当她脑海中冒出在乡镇做零售兼批发的想法时，她立即付诸行动，把做农资零售这几年来的盈利全部投入到了新事业的建设上。十年后，李菁成了镇上的一名批发兼零售的农资经销商，现今销售额已突破100万元。与儿子相依为命的她生活得越来越幸福。

十年前与十年后的景象截然不同，这跟她坦然面对无法改变的不幸有着极大的关联。如果当时她选择消极面对，也许现在的生活就完全不一样了。她的成功和幸福绝非偶然，而是一点一滴与生活顽强抗争的结果。

每天的太阳依然会升起，过去的终将成为你的记忆。每个人都在时间的雕琢下被打磨，历经万物沉淀，显现出最终的面貌，并以现在的姿态去迎接下一阶段的开始。而很多事情，不到最后一刻，你或许永远无法知道它为什么发生，发生的意义又是什么。

天有不测风云，人有旦夕祸福。人生的悲欢离合、功名利禄都是相互转化的。当不幸的事情降临时,我们要学会承担,学会用行动走出来。不要为失去的难过,也不要为未来焦虑,更不要为眼下的不幸耿耿于怀,顺其自然,其实事情没有那么糟糕,生活还是挺美好的。

第四章

**宣泄情绪，
做积极向上的自己**

摆脱负面暗示，
活出最精彩的一面

要想活得快乐，活出你最精彩的一面，不是说你要多努力地去工作，挣多少钱，最重要的一件事是，你要学会摆脱你心中的负面情绪。

正如捷克小说家米兰·昆德拉在《好笑的爱》中所写："我们被蒙住眼睛穿越现在。至多，我们只能预感和猜测我们实际上正经历着的一切。只是在事后，当蒙眼的布条解开后，当我们审视过去时，我们才会明白，我们曾经经历的到底是什么，我们才能明白它们的意义。"这些意义的出现或许很快，或许需要一生的时间。生命的答案，从来都不是轻而易举就能得到的。

其实，无论是正面情绪还是负面情绪，所有的情绪都来自你自己的心理暗示。愉快或者欢喜，这些正面情绪来自你的正面暗示；而懊恼或悲伤等负面情绪，则来自你的负面暗示。

说到暗示，不得不说，每个人自出生以来，便被周遭的人不断地教育或警告，说这个世界如何运作你该怎么做。甭管那些教育是否完全正确，有一点必须承认，我们从中学到许多关于自己的事，知道了自己是谁，还知道了自己应该做什么事，等等。那些教育，也可以说是一种暗示。难道不是吗？当你准备去做某事时，心中往往会先有一个尺度，那个尺度告诉你这事儿该不该做，以及应该怎么做。尺度是谁给你的？当然是你曾经受过的教育。是你受过的教育在影响你、暗示你。

既然暗示很重要，那么，为何不给自己一个良好的暗示呢？

人要抱持有用的信念，这有用的信念包括远大的理想，也包括良好的愉悦力。想要自己快乐，就必须学会摆脱负面暗示，这样才能开始相信正确的事，发展新方式来思考你的未来，并且思考这个世界。

要摆脱的负面暗示有很多。比如恐惧，许多人有飞行恐惧症，所以无法乘飞机；也有许多人因为有电梯恐惧症，所以无法乘电梯上楼；还有些人则害怕在公众场合发表演说。害怕有很多种，解决的方法也有很多种。每个人都有自己的方法，最重要的是，你得有一颗无所畏惧的心。

除了恐惧以外，人也必须摆脱负面回忆。负面回忆有很多种，有些人小时候曾遭受虐待；有些人小时候受过惊吓留下了心理创伤。如果一直活在负面回忆里走不出来,对当事人本身来说当然是不好的。一直困在其中走不出来,一直想着悲惨的过去,就很难让自己重见人生的光明。人必须学会摆脱这些事,才能开创新感情,找到生命中新的喜悦。

所以,如果你心中总是存有负面想法和负面情绪,必然会导致你总是做一些不好的决定。

人活着,要学会并且也应该一直朝着光明前进,而这一切都要从学会如何做出正确的决定开始。做出的决定越正确,行动与结果就会越好。摆脱问题的关键,往往在于学会怎么让自己的心摆脱某些事,也就是把这些问题放到过去,让问题留在问题归属的地方。所以,你不妨静下来,听听自己内心的声音。

心理咨询师木原认识一个姑娘,她有些缺乏自信。这个"缺乏自信",是她自己说出来的。木原问她,她怎么知道自己很没自信。

她说:"我当然知道我自己!比如说,只要我旁边有人,我就会觉得很紧张。这不是没自信的表现吗?"

真有趣!木原接着问她:"那你怎么知道自己什么时候紧张,或者说,你怎么知道自己一定会紧张?"她说:"有声音告诉我。"

这个声音不是来自别处,而是来自她的脑袋。她说,每次要紧张的时候,她就能听到自己脑袋里传出来的声音。

木原又问她:"那是谁的声音?你爸爸的,你妈妈的,还是你认识的某个人的?"

她说,她也不知道到底是谁的声音,反正那声音已经存在她脑袋里很久了。

那个声音在告诉她什么呢?"总听见那声音说我丑,说没人爱我,说我一无是处……"她说。

木原恍然大悟,这个声音一定是她很熟悉的某个人的。那个人,一定常常挑剔她的不是,然后她就存在心里了,然后她的负面信念就越来越强烈,所以她从来不曾试着好好打扮自己,也不曾试着以高兴的声音说话,更遇不到能让她开心的人。越是这样,她就越没有自信,一看见有人向她靠近,就禁不住得紧张。

为什么不用自己真正的声音压过你常常听到的声音呢?

你自己真正的声音,往往关系着你到底想要什么,你想成为一个什么样的人。当你听见这样的声音时,你就要求自己去做,或者强迫自己去做。

比如你想做个开朗大方的人,那你就要学着去笑。一开始笑不出来,没关系,多来几次。一个月不行,两个月,坚持下去,彻底改变自己原有的信念。

改变自己原有的信念，创造新的信念。你创造的新信念，一定是要能让你快乐的，能让你多结交到朋友的。用新的方式审视自己，可以让自己在正面信念中脱胎换骨。

这样一直坚持去做，你怎会不美丽，怎会不惹人喜爱呢？

你必须摆脱你的负面暗示，然后找出你自己最想听到的声音，给自己一些说服力十足并且自己也坚信的正面暗示，改变你自己，塑造崭新的你。

为自己留一束光

原本晴朗的天突然刮起大风时,你是无奈地拨弄乱发、怨声载道,还是会欣赏在风中挺立的白杨树?漆黑的夜里,你是蜷缩在屋子的一角,还是打开窗户仰望遥远而闪烁的星辰?无人陪伴时,你是感叹寂寞无聊,还是静心品味一个人的生活?生活,无时无刻都充满着选择,你可以选择在残缺中发现美丽,也可以选择在美好中挑剔遗憾。

每个人在命运的长河中漂流时,都难免会遭遇浅滩与暗礁。唉声叹气无济于事,满腹牢骚更会打击自己,从而失去生活的勇气。倒不如为自己留一束光,在迷茫无助的黑暗里,为自己照亮方向,安稳地度过艰难。

托尔斯泰在他的散文名篇《我的忏悔》中,讲述过一则动人的故事:

一个男人遭遇猛虎的追赶,不慎跌落悬崖。幸运的是,他在坠崖的刹那，抓住了悬崖边的一棵小灌木。谁料，有两只老鼠此时却在咬灌木的根须，这简直是在跟他玩"死亡游戏"。抬头望去，悬崖上的老虎依然不肯罢休，睁大眼睛瞪着他；更可怕的是，低头一看，悬崖下竟然还有一只老虎在蹲守。在近乎绝望的时候，他忽然看到身旁有一簇野草莓，伸手正好够得着。于是，他扯下草莓，塞进嘴里，感叹："好甜！"

老虎和老鼠，都象征着生活里的危难和不幸。庆幸的是，身处困境，走到生死边缘，他却还能苦中作乐，这样的勇气和豁达，实在可敬。对于大多数人来讲，命运还不至于苛刻到那样的地步，只是偶尔会在平淡的日子里沁出一点点苦涩的味道，那是生活赋予你的考验，看你是否经得起风风雨雨，是否能在跌倒失意的时候，还有心去发现和享受仅有的甜蜜。谁有这样的心，谁便可以逆袭生命的苦痛。

一位年轻的女人，30岁就患了乳腺癌。为了保命，她只得忍痛做了乳房切除术。做完手术后不久，她发现丈夫对自己的态度变得很冷漠，虽在一起生活，却没有了往日的亲密。她的精神世界一下子坍塌了，很长一段时间里，她都会偷偷地哭。每天萎靡不振，做事提不起兴趣，觉得整个世界都是灰色的。

直到有一天，朋友提醒她说，她看起来老了许多。她对镜独照，看到的是一张憔悴的脸，一双呆滞的眼。原来那个秀美的自己哪儿去了？她才想起，自从手术之后，就没有精心打扮过自己，没化过妆。她以为是丈夫先冷落了自己，打消了她对生活的积极性，其实是她自己先放弃了美丽的权利。

痛定思痛，她开始了改变。她给自己买了义乳，像过去一样，穿最喜欢的衣服，化着精致的淡妆，每天出门前都告诫自己，一定要抬头"挺胸"，微笑示人。积极的心理暗示，印证了吸引力法则的强大，她工作上的业绩得到了提升，领导和同事对她赞叹有加。生病的经历，以及后来的种种变化，激起了她写作的欲望，她利用业余时间写了许多文章，起初是发表在博客上，后又投稿给杂志社，得到了编辑和许多读者的认可。

生活充实了，人也变得豁达了。最初，微笑是她每天的必修课，而今却已成了习惯。她的脸上，没有丝毫的痛苦和怨气；她的身上，也少了悲愤的气场。明媚如春风的她，自内而外散发着独特的魅力。至于感情上的问题，个人的气场变了，彼此的关系自然也比从前融洽了许多。

还有一个女人，无论什么时候见到她，都会被她那一抹清新的微笑感染。她很幸福，这份幸福不是因为她的美丽和财富，而是因为她的心态。就连陌生人都说，坐在她的身边会感到很舒服，就像有一股温暖的气息包围着自己。她的温和从容，就像是徐徐微风，在春日暖阳下给人带来愉悦。

其实，她的人生路走得并不顺畅。换作他人，可能还会觉得有些悲哀。刚结婚几个月，她就出了车祸，从此，腿部留下了残疾。她向来爱美，那双漂亮修长的双腿，不知赢得过多少人的赞美。可如今，她不得不接受再也不能穿高跟鞋的现实。刚刚组建的家庭，有了一部分不完整，许多人猜测，风风雨雨也可能会"趁虚而入"。

不过，她的婚姻和家庭并未出现什么变故，她与丈夫的感情也很好。外人都说，她嫁了一个体贴负责的男人，可丈夫却说，是她的平和保住了这份爱。她很独立，出事之后，从没有把自己当成残疾人，也没有给丈夫增添更多的心理压力。丈夫的事业遭遇瓶颈，她还会乐观地鼓励他重整旗鼓。面对她的善解人意和豁达从容，丈夫更愿意主动给她爱和关怀。她说，这比摆出一副弱者的姿态，强迫别人来爱自己，要踏实得多。

有人说过，思想可以让天堂变成地狱，也能让地狱变成天堂。生活是什么味道，全在于自己的选择。你相信自己能成为一个爱笑的乐观的人，你就可以神采奕奕地活着；你相信日子会就此暗淡下去，它就很难再见晴天。真正的艰辛，不是物质上的贫穷，不是未曾拥有过的奢侈品，而是被无常的岁月剥夺了快乐的能力。

无论命运给了你怎样的"礼物"，记得微笑着接受。唯有微笑，有利于你的局面才可能一点点被打开。

吵架是宣泄，
也是另类沟通

去过陕西的人都知道，那儿最流行的戏剧叫"秦腔"。著名的"陕西八大怪"中就有秦腔，说是"秦腔不唱吼出来"。一到晚上，特别是夏天，你就去公园或休闲广场里转转吧，一定会听到让人感觉很震撼的吼秦腔。这或许也是秦腔不叫"戏"或者"剧"的原因吧，因为秦腔和京剧、豫剧、越剧等剧种比起来，的确是很不一样的，别的剧种都是在"唱"，秦腔却是"狂吼乱叫"。

外地人一见到吼秦腔那阵势，很容易就被"吓"呆了。

但是秦腔能流传下来，并且深受人们的喜爱，自有原因。最主要的就是，吼出来的感觉太好了。不是吗？若是有压力或者很愤怒的时候，有些人会忍不住吼叫，听起来很吓人，但吼叫过后，情绪却平复不少。

唱戏如此，人们在生活中说话也是如此。

遇到不顺心的事，如果实在没辙了，不如就吼起来，大吵一架。别认为吵架是一件坏事，任何事都有两面性，吵架若是吵得好，也是能吵出快乐的。

谁的牙齿没有咬到过自己的舌头？吵架也是一样，经常在不经意之间发生。吵架是生活中的盐，多了固然苦涩，少了也不免乏味！

不过，首先要弄明白一点，也是很重要的一点，那就是：吵架仅仅是据理力争，仅仅是一种沟通方式而已！跟炒菜一样，吵架也要讲究火候。吵得太过就"炒糊了"，糊得太过就有火药味了！讲究火候，适可而止，见好就收！

在生活中，可能许多人都会厌烦吵架，尤其是在公共场合。吵架，一是语言都不委婉，太直接，让人难以接受；二是让人的心情大受影响，赌气心烦；三是两人的感情可能会在吵架之后大打折扣。

其实吵架时刻都发生在我们身边，工作上、学习上、生活中、亲人之间、爱人之间、朋友之间、同事之间，甚至不认识的人之间，没有办法，由于在各类问题中出现分歧，两个人或多人吵架会随时发生。因为每个人都是独立的个体，都有独立思考问题的方式，我们无法让每一个人都认同自己，同意自己的想法和做事的方式。因此，争吵是不可避免的，但是有时争吵也可以认为是争论和探讨，或者更简单地说，只是一种情绪的宣泄。

要会利用"吵架"这种工具，完全可以将之作为生活中的一种沟通方式。

有一天，看了一档电视节目：一对六十多岁的夫妻，男的大器晚成，成了文艺界的名人；女人年老色衰，生活日趋平淡，从十分独立到逐渐依赖男方。老夫妻二人在介绍他们的生活和感情经历时，就不由自主地争吵起来，但是他们吵过之后彼此对视了一下，会心一笑，争吵瞬间就化为乌有。男人说，我们经常吵，家里家外都吵，但是吵过之后两人很快就忘记了，彼此不会真的生气。这是他们夫妻之间独特的交流方式。

有的夫妻，吵了一辈子的架，但是他们仍然能够相濡以沫地走完一生。有的夫妻，最初相敬如宾，用不了几年就分道扬镳。为什么？因为彼此没有沟通。哪怕是以吵架这种让人厌烦的方式都没有，当然就无法了解彼此，时间长了，感情也就淡了，最后距离越来越远，已经无法再搭一座桥来沟通了，分手自是必然。

当然，每个人都希望能够和睦相处不吵架，但是我们生活在这样一个复杂的社会里，大家的经历和所处的环境不同，每个人都有独立的思考和判断，对待问题会产生分歧也是必然的。这种争吵其实也是探讨，在争论中了解对方的情况，在友好的气氛中相互妥协，最终达成一致，有利于把事情考虑得更加全面。

很多人忌讳争吵，但是吵架也是一种好的交流和增进感情的方式。当然，要有限度有范围地吵，如果过度争吵或超出一定的范围，那就会出现问题了。

如何把握度？不要追求在争吵中占据主动位置，而是要分析究竟谁的观点是正确的，谁解决问题的方式更加合情合理，从而放弃自己偏执的观点。这种吵架需要理智，失去理智的吵架往往就会酿成悲剧。

吵架能吵出感情，那绝对是非常有水平的。

如何把握好分寸，争吵才不会成为伤害？

1.用"我"字语句表达情绪和观点

美国社会学家、人际关系专家珍亚格强调，吵架时最好用第一人称表达观点，比如"我觉得你伤害到我了""我觉得你的意思是……"等，强调这只是你的个人感受。

2.说话直截了当

冷嘲热讽、指桑骂槐，很难让对方了解你到底哪里不满意、想要做什么。要想解决争议，最好直接切入重点，明确说出你的想法。

3.不要拿隐私说事

就算争吵很激烈,也要避免谈及对方的隐私,或一些私人问题。违背这一点,只会辜负和牺牲别人的信任,让你因小失大。

4.给对方说话的机会

解铃还须系铃人,给对方解释、理论的机会,并耐心倾听,才能发现双方意见不合的真正原因所在,一步步解开心结。

5.互相留点儿缓冲时间

争吵最终是为了解决问题,而不是逞一时口舌之快。给彼此一点儿时间,好好思考和回应对方的意见和看法,进一步争吵才有意义。

6.不要摔东西或动拳脚

不管有多生气,挥拳、吐口水、砸东西等行为,在吵架时必须绝对禁止,任何非言语的动作,只会让别人对你的印象越来越差。

别把压力吞在肚子里

随着社会的不断发展,越来越多的女性从家庭走入职场,在社会上撑起"半边天"。但日趋加剧的社会竞争,使女性在机遇面前也面临着挑战。尤其已婚女性,除了要参与社会工作,还要照顾家庭、抚育子女,处理纵横交错的人际关系,于是肩负起来自社会、事业、家庭的层层压力。

如果一个人总是把自己的压力吞进肚子里,只会加剧自己的苦恼,反之,选择宣泄,会令人获得更多的快乐。就如有人说:"一份快乐由两个人分享会变成两份快乐,一份痛苦由两个人分担就只有半份痛苦。"

有人将人的心理比喻成一个气球,而我们不知不觉地将日常生活中的一些欲望、冲动、需求等压进气球,于是这气球越来越大,当压到一定程度时,气球就会爆炸。因此,我们需要适时地学会宣泄,给自己找一个出气口,这样才不会令"心理气球"爆炸，才能维护自己的心理健康和平衡。

魏茵脾气比较暴躁，因此常常容易与人发生激烈的争执与争吵。即使每次被老公劝住了，她仍然是一副气愤难平的样子。这种糟糕的心情总会跟着她进入第二天，最后她还是将它发泄在家人、朋友、同事身上。久而久之，身边的一些朋友都不太喜欢魏茵了，甚至有点儿疏远她了，之后，她的人缘变得越来越差，脾气也跟着越来越差。

最后，魏茵因为公司节省开支，成了被裁掉的一员。回家后的魏茵因为愤愤不平，生了一场大病，医生告诉她："这次，你生病主要是因为你内心压力太大，久郁成疾，想要病早点儿好，你还是要放开心胸，让自己快乐起来，当坏情绪来的时候，你要学会正确地发泄出来。"

魏茵也意识到了这一点，于是每次试图找不同的方法来纠正自己的这个缺点。有一次，她与别人吵完架之后，在网上看见一篇叫《雷电颂》的文章："雷！你那轰隆隆的声音，是你车轮子滚动的声音！你把我载着拖到洞庭湖的边上去，拖到长江的边上去，拖到东海的边上去！我要看那滚滚的波涛，我要听那咆哮，我要到那没有阴谋，没有污秽，没有自私自利的，没有人的小岛上去啊！我要和着你的声音，和着那茫茫的大海，一同跳进那没有边际的，没有限制的自由里去！"魏茵发现阅读能够使自己的情绪镇定下来。于是每次情绪不稳定的时候,她就会念这篇文章,感觉心里的不满就会被宣泄出来,情绪也跟着平复了。

每个人对于消极情绪的承受能力是有一定限度的,就如一个人不能总背着沉重的石头走路一样,这样不仅会减缓前进的步伐,甚至有一天这块石头会将你死死地压住,令你丝毫不能动弹。

生活、工作中的压力是无处不在的,因此,我们必须认真对待心理压力问题,并及时、适当地通过情绪调节来缓解心理压力,为它找个出口,它就不会给精神带来太大的伤害。就如文中的魏茵一样,起初不懂得如何正确宣泄自己的郁闷、愤怒,让自己与身边的人都在遭受情绪风暴,最终还伤害了自己。

学会清除情感垃圾

女人最擅长活在回忆里，喜欢将各种情感收藏在心底，久而久之，其中坏的感情就会变成情感垃圾，这些情感垃圾不但侵占感情空间，还会污染感情环境，甚至会影响自身的成长，严重的还会引发心理疾病。

人的心里倘若积攒了太多的情感垃圾，心灵就会变得杂乱、沉重，不利于人获得成功与快乐。情感垃圾就如电脑垃圾一样，如果过多就会令电脑运行得特别慢，甚至会死机，造成系统瘫痪。这个时候就要学会将自己的心打扫一下，清除那些已经成为垃圾的情感。

徐小璐，结婚两年，小两口儿的日子过得轻松自在，引来了许多朋友的羡慕与赞许。婚后第三年，小璐怀孕了，但同时也发现原本喜欢回家的丈夫慢慢地变得不太喜欢出现在家里，要么就是喝得醉醺醺地回家，要么就是夜不归宿。

经过小璐的观察与调查，终于证实了丈夫原来是有了外遇。这个消息对小璐而言无疑如五雷轰顶，小璐痛不欲生，一直不敢相信丈夫有了外遇。丈夫得知妻子已经发现自己有外遇的事之后，立马回家跟妻子道歉，想尽各种办法请求原谅。原本就很相爱的两人还是有很好的感情基础的，小璐也深爱着丈夫，而且丈夫也表示会痛改前非，于是小璐决定原谅丈夫的这次错误。

后来，小璐生了一个可爱的儿子，夫妻俩也安安稳稳地过了一年。可不久小璐发现丈夫每次接电话都是神神秘秘地跑到一边去。这让小璐想到了一年前丈夫出轨的事，越想越觉得丈夫一定是有了问题，不然为什么接电话总是神神秘秘的呢？

于是她趁丈夫去浴室洗澡的时候，悄悄地翻看丈夫手机里的通讯录与短信，然而，除了几个没有名字的电话号码之外也没有什么特别的。但小璐忘不了丈夫之前的伤害，忍不住质问丈夫为什么偷偷地接电话，难道又和那个女人有了往来？

丈夫被小璐这突然的行为吓了一跳，恍然大悟后解释道："每次我出去接电话，是因为看我们的儿子睡得那么香，我怕我说话太大声会把他吵醒，再加上你身体不好，我怕因为我接电话而打扰你休息。"小璐听了感动得泪流满面。

丈夫将哭泣的小璐拥入怀中，说道："以前是我不好，做了对不起你的事情，我希望你可以忘记那些事情。把我们之间的那些情感垃圾都清除掉，相信我，我不会再那样了。"听了丈夫的这番话，小璐觉得自己真该把自己心里的那些情感垃圾清除了，这样才会与深爱的丈夫重新开始，重新寻找幸福。

很多情感垃圾来自生活中的一些问题，比如工作不顺利、别人的欺骗、朋友的背叛等，一个人想要拥有快乐的心境，想要取得成就，就要学会清除情感垃圾，下意识地为自己的心灵松绑，给心情做一个深呼吸。就像小璐一样，只有为自己清除了内心的那些情感垃圾，才能专心地追求自己想要的幸福，才能获得真正的快乐。

找个没人认识你的
地方做自己

"没人的地方"并不是真的空无一人、一片蛮荒，而是脱离日常生活的舞台。登台便要对得起观众，在压力巨大的每一天，你负责任地运转着、出演着被安排的角色，当你谢幕、卸妆后，要努力做回真实的自己，不管行为多么乖张、幼稚，不怕被人评判，也不怕人嘲笑。

越是位高权重的人，越是性格谨慎内敛的人，越是需要一个私密的，没有那么多熟人和"眼线"的环境，释放心里的情绪。脱下西装革履，放声大笑，说想说的话，看想看的风景，这种"出逃"本身就是把堆积在身上厚重的"壳"剥离下去，同时显露出来自己的真性情。

安华今年41岁，年轻时受过良好的教育，奋斗了将近20年，终于步入了收入丰厚的中产阶层。当车子、房子、孩子、票子，一切对他来说都已经是囊中之物时，他也迎来了自己的"中年危机"，仿佛回到了十几岁时走在陌生城市街道上的迷失和无所适从。

在沉稳睿智的面具下，安华知道自己的心每天都在煎熬中颤抖，他注意到自己身体的变化，他在变老，他怕变老，怕自己变成一个对异性没有任何吸引力的老头，怕看见的那一张张笑脸都是冲着他屁股下面的位子，而不是真的喜欢他。公司里年轻的小伙子朝气蓬勃，他们可以耍酷卖萌，可以因为恋爱淋雨，因为失恋喝酒，而他则要时刻绷着脸，绷着神经。妻子已经是他生命的一部分，曾经激荡人心的爱情也转化成了围着孩子打转的亲情。以前没什么钱，事业上就像每天都在山脚下仰望山顶，他告诉自己，奋斗的前方是希望，是全家人的幸福，要让客户更满意，要改变这个行业，要主宰自己的命运。而如今，他不仅主宰了自己的命运，还影响着很多人的生活，行业里那点儿事他比谁都清楚，换句话说他已经完全掌握了这个社会的游戏规则，生存技能融入他的骨血，而将变革的欲望消磨殆尽。

安华觉得苦闷，因为他很少听到什么"实话"，也很少说"实话"，与同事、家人的交流都是精心雕琢过的，他甚至已经不需要刻意去包装，言语和行为都会自动"优化"。那种直言不讳、纵情哭笑的青春特权，还没反应过来就已经失去了。早晨上班前，戴上昂贵的手表，吻别相伴十几年的妻子，坐进豪华的汽车，对他来说是一种重复的日常，已经不能激起任何心动的感觉，他想把这种麻木的痛苦对人说说，想找个不那么了解他的人吐吐苦水，又怕有炫富嫌疑会令人不快，更怕跟别的年轻女性走近了一不小心闹出"出轨"的绯闻，伤害了妻子，毁掉现在完美的生活。

朋友建议安华去打球、游泳、唱歌、按摩，但是每次跟着大家去休闲娱乐，安华都感觉自己还是在应酬，说是打球运动，但同去的这个"总"那个"总"，凑在一起就难免摆出符合自己身份地位的表情，说好了都不谈工作，可是身处这个圈子，不谈工作就是聊孩子、聊家里老人，这个岁数的男人没有谁能完全省心不担责任，聊来聊去心里还是不轻松。

一次偶然的机会，安华自己一个人开车来到市郊办事，回去的路上赶上暴雨把山路冲毁了一段，他只得就近找了个农家院住下。山里信号不好，手机又快没电了，他告诉家人自己安全，等路修通了就返城，便关了手机，踏实住下来。淳朴的农户收了他硬塞的300元，给他安排了一个单独的小院，说晚上给他杀只鸡炖一锅，其他时候还要进山干活，就不招呼他了。安华惊喜地发现，自己突然自由了，助理不在身边，没有人会安排他的行动；妻子不在身边，他不用听她唠叨家长里短；孩子不在身边，他不用板起脸做严父。农家有没劈完的木柴，他脱下精致的手工西服，抡起柴刀就劈起来，劈完了柴，钻进院子旁边的松林，发现刚被雨水浇透的地上长出许多松蘑。他便找了个小笸箩，像个孩子一样循着山路奔跑，采起了蘑菇。晚上，与主人家一起吃晚饭格外香，不用顾及别人怎么看自己，安华享受着久违的无拘无束的畅快。

第二天上午，山路修通了，安华打开手机，信息和未接来电一大堆，但他知道，公司一样在运转，家人也都正常生活，他的一天逃离并没有导致他的世界崩溃。肩上的担子又要马上挑起来，他却觉得不像之前那样沉重了，他不想与人分享他的秘密基地，那座大山是他可以躲起来做回真正自己的地方。

当你感觉到不得不戴着面具走出家门、走进办公楼的时候，祝贺你，距离一个成熟、成功的人士又近了一步。但同时也要提醒你，面具不能一直戴着，真面目不能在人前展露的话，就找一个没人认识你，没人会用日常标准对你评头论足的地方去吧。扮演其他身份的人，体验别样的人生，短暂变身后的再回归，也许就能神清气爽了。

与其花费时间去忧虑，
不如奋力一搏

英国维多利亚时代著名女诗人伊丽莎白·巴雷特·勃朗宁说："时间还没有结束前，事情还没有做完前，都不要去评价你的工作。"人生也是如此。只要结束的哨声还没有响起，一切都还有转机；只要还没有结束，一切就还没有尘埃落定。

与其花费时间去忧虑、抱怨，不如等待时机，奋力一搏。衡量一个人，不应只看到他登到顶峰的高度，还要看他跌到低谷的反弹力度。当你处在低谷时，接下来就只能向上了——你只需要坚信"付出总会得到回报"。

在纪录片《49 Up》中，每一个人，无论贫富，年少时都相信未来是圣诞老人藏在床头的袜子里或者圣诞树上的礼物，会在打开的刹那令人尖叫欢呼。每一个人都像阿甘一样相信：人生就像一盒各式各样的巧克力，你永远不知道下一块将会是什么口味，令人忐忑而向往。但无论是怎样的口味，它依然会是甜蜜的巧克力。

可是，巧克力的盒子里可能装的并不是巧克力，而是涩口的盐；圣诞老人也始终没有出现。慢慢地，电影中的男人开始秃顶，女人挨个儿发胖；更要命的是，伴随着外貌的巨大改变，他们的表情也发生着质的变化。他们的眼神变得黯淡无光，从里面再也看不到令人心动的憧憬和幻想；他们的面庞笼罩了一层浓重的阴影，再也看不到因为对生命的欢欣和希望而散发的光彩。

时间无情地走过。35岁的Nick沦为无家可归的人，好像游荡在苏格兰荒凉的高原上的一缕孤魂，镜头里的他甚至表现出精神病症状，难以自控地晃动身体，低着头喃喃自语："关键不是我喜欢干什么，而是我可能干什么。"而精英家庭出生的John，40多岁的他表情温和，脑袋半秃，微笑着说："我现在很喜欢园艺。要是以前你告诉我我会变得热衷花草，我肯定会觉得那是个笑话。"看着眼前的人，人们几乎要遗忘了那个14岁的男孩，无法确认这个40岁的John是不是真的曾经下定决心要从政，是不是真的呐喊过"取消工人罢工权，改用司法裁决"，是不是真的经历过这样的场景：当另一个孩子问他"那岂不是侵犯了工人的集会自由"时，他咄咄逼人地反驳："你会把一个抢劫犯关进监狱称为侵犯了他的抢劫权吗？"后来，他做了律师，但是始终没能如愿以偿地"进入议会"。

无家可归的Nick，和爱上园艺的John一样让人心酸。理想并没有照进现实，无论是来自平民阶层还是精英阶层，他们都面临着同样的现实和梦想的差距。这种差距带来的心理落差和痛苦，并没有因为生活的舒适与否而有所不同。梦想的浓雾散尽之后，裸露在日光下的是苍茫时间里有去无回的人。然而，放弃了政治抱负转而热衷园艺的John，在这个过程中变得更柔和、更宽容；无家可归的Nick在42岁之后竟然成功跻身地方政府，变得更加积极奋进。事实上，到影片最后，大多数人都变得比年轻时更可爱，在时光的雕刻下，凿去狂妄，磨出温润，从粗糙而直白的沙砾变为内敛而华美的珠宝。说到底，谁都终将被扔回时间的海底，在那里与其他生物一同聆听寂静无边，并一点点成为现在的样子。你能说这时的Nick就比John更成功或者更幸福吗？重要的是，他们最终都找到了适合自己的归宿，获得了心灵的抚慰。

时间那么长，你无法预知现在做的事情对未来有什么影响。生命是一个连续的过程，不必过于执着当下的结果，而应该以更开阔、更博大的胸怀去看待这个世界。

正如法国小说家莫泊桑所说："生活不可能像你想象的那么

好，但也不会像你想象的那么糟。我觉得人的脆弱和坚强都超乎自己的想象。有时，我可能脆弱得一句话就泪流满面；有时，也发现自己咬着牙走了很长的路。"

《庄子·至乐》有言："庄子妻死，惠子吊之，庄子则方箕踞鼓盆而歌。惠子曰：'与人居，长子老身，死不哭亦足矣，又鼓盆而歌，不亦甚乎！'庄子曰：'不然。是其始死也，我独何能无概然！察其始而本无生，非徒无生也而本无形，非徒无形也而本无气。杂乎芒芴之间，变而有气，气变而有形，形变而有生，今又变而之死，是相与为春秋冬夏四时行也。人且偃然寝于巨室，而我嗷嗷然随而哭之，自以为不通乎命，故止也。'"

庄子的观点与那些自然主义哲学家的是不同的，他不只是让我们把死亡作为一个自然的过程来接受，还告诉我们应该在一个更广阔的时空背景下看待我们的存在。宇宙间充斥着人类不能掌控和无法理解的无止境的轮回。人们在宇宙面前是渺小的，人生旅程在历史的长河中是短暂的。如此看来，心态是多么重要，何必把自己搞得连自己都瞧不起？最可悲的是当你白发苍苍，回首往事时，你才发现因为一些琐事而耗费一生，却对近在咫尺的幸福视而不见！很多事就是这样，我们以为那些不会结束的痛苦就那么轻易地过去了，我们以为那些再寻常不过的日子却成为确定我们人生走向的转折点。

《杀鹌鹑的少女》中有一段话:"当你老了,回顾一生,就会发觉:什么时候出国读书,什么时候决定做第一份职业,何时选定了对象而恋爱,什么时候结婚,其实都是命运的巨变。只是当时站在三岔路口,眼见风云千樯,你作出选择的那一日,在日记上,相当沉闷和平凡,当时还以为是生命中普通的一天。"不要轻视时间,它可能会在你不经意的时候给你致命一击;也不要过分执着,因为你有一辈子的时间去翻盘,去奋斗。

微笑能带来好运

生活中我们应当都听过这样一句话:"爱笑的人,运气都不会太差。"对这句话,有些人常常不以为然,觉得不过是听上去有点儿道理,却是不能解决任何实际问题的心灵鸡汤。其实不然,一句话能够被广泛流传,就证明它有存在的价值。

曾经有一个研究社会关系学的教授在1000个大学生里做了一次问卷调查,问卷的题目很简单:你喜欢与爱笑的人交朋友,还是喜欢与愁眉苦脸的人交朋友?

问卷收集的过程很顺利,人们回答起这个问题来,仿佛都不经思索。最后问卷调查的结果出来了,几乎是颠覆性的比例,大家一致选择了喜欢和爱笑的人交朋友。

我们不禁会思考,为什么大家都喜欢与爱笑的人交朋友?为什么爱笑的人好像更幸运一些?爱笑的人总能得到很多人的喜爱,也能得到更多人的帮助,这是为什么?

中国有句古话叫作"上善若水",大意指的是最高境界,就像水的品性一样,泽被万物而不争名利。这也是对一个人的优秀品格的最佳褒奖。水遇强则柔,亦能载舟,它看似没有棱角,却能包容万物。

并不是只有板着脸才能解决一切事情,一个爱笑的人看起来没心没肺,但其实他可能才是最有智慧的人。爱笑的人一般情商都比较高,他们知道有些事情就算发脾气也无法解决,那么还不如用一些比较缓和的方式,用迂回战术去解决。

我的同事小张在办公室里人缘不错,她见人便打招呼,跟谁都笑嘻嘻的,哪怕是对曾跟她有过过节的同事也不例外。有人对小张说:"你傻不傻呀?你笑着对人家,可人家都不一定搭理你。"小张回答:"那又有什么关系?过去的事都过去了,只要他知道我不是在针对他就好了呀。"

后来,曾经针对过小张的李凯变成了最维护小张的人。在一次年终聚餐上,李凯举杯向小张敬酒,他说道:"我当初觉得你这小丫头片子太没经验,领导把你放进我们部门,会拖我们后腿,所以起初常常针对你。没想到你不仅没和我计较,还笑容满面地对我。后来大家相处时间长了,也看见你在工作上的努力和能力。来,谢谢你不和大哥计较,大哥敬你。"

这次聚餐以后,小张所在部门的凝聚力变得更强了,工作上也无往不利，整个部门其乐融融。大家都说是得益于小张的性格，这才化解了一次内部危机。小张在部门内的发展也有如神助，第二年就升职为经理助理。

都说爱笑的人运气好，他们遇到麻烦时仿佛都会有好运化解。其实并不是微笑能带来好运，只是微笑能够代表我们的某种处世态度，而这种态度恰好就是被人推崇的，是一种有智慧的生活方式。

太有棱角的人，生活并不一定比喜欢微笑的人好。试问我们若是整天都板着脸，过于暴躁、喜怒无常，整天一副苦大仇深的样子，有谁愿意搭理我们？

如此一来，我们人际关系差了，很多事情便也开展不了，从此在团队中寸步难行，时间长了，自然事事不顺心，也就只能把这些不如意归于运气不好了。其实我们若认真总结，会发现智者一般都是些脾气好、待人和气的人。人们常说某人会做人，其实是指他们善于为自己营造一个好的交际圈，所以这些人向来一呼百应，一人有忙百人帮。

爱笑的人都是懂得生活的人，有些人越是位高权重，为人就越是客气、和善。有些领导人更是时时刻刻在脸上挂着微笑。

这些人能身居高位，都是因为他们的运气好吗？微笑有种作用，能化万物为不争。一个受人喜爱的人，一定也是人生的优胜者，因为微笑能最大限度地化解我们身边的敌意，让自己人生中多些朋友，多些成功路径而少些阻碍。

微笑能带来好运，也是一种经过验证的智慧的生活方式。

美国前总统罗纳德·威尔逊·里根是一位颇具传奇色彩的总统。据说在上任初期，有一次里根外出参加活动，结果被刺客击中，身负重伤。若这消息传出，恐怕会导致民众骚动。

在这关键时刻，他的太太来医院看望他，威尔逊·里根说的第一句话是："亲爱的，我忘记躲开它了。"

本来凝重紧张的气氛突然因里根这句话变得轻松起来。

总统受了枪击还能淡定地开玩笑，甚至还能笑得出来，看来是没什么大碍了。在场的人都松了一口气，记者看到这种情况也如实地进行了报道。

美国民众知道情况后，原本不安的心也放松了许多。里根用一个微笑避免了一次政治生涯的危机，躲过了一劫，也让美国动荡的社会秩序安然稳定下来。

从今天起，做一个爱笑的、理智的、成熟的人。与其冲动，不如静默。与其怒发冲冠，不如用微笑对待这个世界，相信世界也会善待我们。

培养快乐的生活态度

"快乐应该是一以贯之的生活态度,而不是因受到外界良性刺激产生的短暂体验。"告诉我这个道理的是年轻时获赠的一本厚厚的美国励志心理学译著。书读完了,内容勉强记得,却始终觉得践行起来难度比较大——那时候每天面临课业和生活的压力,工作后压力有增无减,尽量去放松,尽量去乐观生活,却总事与愿违,遇到坏事必然糟心,遇到好事也不敢开怀欢乐,念着"祸兮福所倚,福兮祸所伏"这句至理名言,丝毫不敢掉以轻心。

真正帮我把它消化进脑海深处,融入自己灵魂的,是大学时代的一位同窗好友。她是个天资平平、成绩平平、没有野心、没有什么脾气的"傻妞",在我们这班同学中却是人缘最好、心态最好,唯一一个宣称对自己家庭、工作、伴侣、孩子、生活品质百分之百满意的"福娃"。

那是大家毕业3年后的一个盛夏，我们几个关系亲密的姐妹约好一起去"傻妞"家度周末，为了这个难得的"姐妹趴"，"傻妞"还把她老公撵到了郊区的度假房，免得他在家晃来晃去，女人们不能玩得尽兴。

周六一整天，我们几个客人都在"吐槽"各自工作生活中的遭遇，"傻妞"则一边忙前忙后，一边嘿嘿地跟着笑。问她有没有不吐不快的糟心事，她想都没想就说："没有呀，吃穿都不愁，工作挺好的，也顺利嫁出去了，我还能有啥不开心的嘛。"大家不由得羡慕起她顺风顺水的好生活，羡慕她找了个经济实力雄厚又会照顾人的好男人。

夜幕渐渐落下，就在我们把小吃摊开、饮料斟满，准备开始激动人心的"女生之夜"时，突然出现情况了。"傻妞"发现自家卫生间的房顶正在向下渗水，黄色的锈水滴答滴答地掉在地上，一会儿就积成了挺大一滩。这可吓坏了我们几个，首先想到的就是楼上邻居卫生间跑水了，拿盆的拿盆，咒骂的咒骂，还有人要打电话报警。"傻妞"却并不慌张，她先把电视打开，电影放上，让姐妹们少安毋躁，然后给物业客服打了个电话，详细描述了自家的漏水情况。不一会儿，维修师傅就赶了过来，经过初步检查，怀疑是楼上住户马桶的排污管道漏了，滴下来的那些水可能是人家马桶里的脏水。听见这个坏消息，姐妹们顿时炸了锅,这可是新装修的婚房啊!马桶排污管道漏水,说好听了渗漏的叫"污水",说难听了,那不就是……想到这里,我心里也不由得急躁起来,看向正在跟师傅交谈的"傻妞",却意外地发现这个女主人并没有大发雷霆或气急败坏,只是就事论事地讨论如何维修并谢谢师傅大晚上的还跑一趟。安抚了大家的情绪,我陪着"傻妞"一起在物业人员带领下上楼找漏水那家住户询问情况,我握紧了拳头,想象着可能出现的指责、扯皮等难堪的境况。结果敲了几分钟也没敲开楼上那家的门,估计是没人在家。家里没人,工人师傅也不能进去检修,楼下"傻妞"家就得继续漏着,送走了物业人员,姐妹们开始七嘴八舌地骂楼上那家无良的住户,又勾起关于自己家奇葩邻居的气人行径,越说越生气。而"傻妞"却像个没事人一样,听着大家的"吐槽"跟着笑,还找出纸笔给楼上邻居写起留言条来,她一笔一画地写道:"亲爱的1601邻居,您好,您家卫生间排污管道貌似漏了,管子周围的水泥块正在向外渗水,污水从我家卫生间顶上滴下来了,物业工人师傅已经检查过,由于您家没人,无法立即维修,请您见此留言速与物业或楼下1501小徐联系。"落款是"顶着盆盆等待解救的小徐姑娘",后面还画了个俏皮的笑脸。我跟着"傻妞"又爬上楼去贴留言条,我问她:"你家卫生间装得那么好,污水这么一漏多恶心,你还傻乐,不着急啊。"认认真真扯着胶带贴留言条的"小徐姑娘"回答:"生什么气嘛,管子坏了又不是谁的错,回头修上就是了,现在接个盆在地上不碍着使,难道你怕被大粪浇头啊?哈哈哈,没那么严重啦,要是真被浇了,那人生可真算完整了,老了还可以讲给儿孙听,你以为人人都能遇到这种事呢。"

整整一个周末,"傻妞"都没有被卫生间漏脏水事件影响,跟姐妹们欢乐玩闹之余,她只是笑嘻嘻地接了几个电话,解决了这件被我们看来是天大"灾难"的事。对迟来的楼上邻居,没有责怪,也没有发脾气,反而开着玩笑安慰对方天太热不要着急上火。物业负责人见她这样都连连赞叹"素质太高了",并特别指示工程部紧急加派人手协助维修。

不知道有多少人遭遇过卫生间、厨房管道漏水这种家庭"小灾难",那真的是麻烦,问题的源头出在自家时挑战人的耐性,出在邻居家时则更考验着人的涵养。不管怎样,大多数人的行为反应都是伴随着心理焦虑的,急躁、烦闷、愤怒、都是常见的情绪反应。焦虑的程度不同,宣泄的方式不同,就会出现各种各样的应对方式。

但确实也有一部分人不会因为遇到一般意义上的倒霉事而情绪低落,同样的麻烦,同样不得不面对并解决,他们能始终保持着正面的、积极的情绪,甚至从中发掘出笑点、萌点,制造出更多欢乐。那些"开心果"都有一个相同的特点，就是把生命理解为千载难逢的单程旅途，把快乐作为经营生活的态度，面对足以形成负面刺激源的事件、人物，他们不会想到抵触，而是把它们作为一种"体验"去接纳和享受，自然就不会轻易对外界失望和发怒。

要培养快乐的生活态度，首先你必须认识到：

1.晴天可喜，阴天一样值得珍惜，因为同样的一天，短暂的生命别无二致地在流逝，别给自己设定一些不开心的前提条件。

2.消费十万元吃一餐和十元钱吃一餐，最大的区别不在食材菜式，而是在于你用什么样的心态进餐，心先满足，口腹才会满足，吃饱了就笑笑吧。

3.没有踩过狗屎的人，没有被大雨浇透的人，没有坐错公车迷失在城市里的人，他的人生会比经历过这些的人少些别样的色彩。感激苦难，它丰富了生命的体验，经历了，就赚到了。

第五章

内心强大，情绪即可收放自如

宠辱不惊，悲喜自度

明代有一位"还初道人"洪应明，他著有一部论述修养、人生、处世、出世的语录集，叫《菜根谭》，其中有一句"宠辱不惊，闲看庭前花开花落；去留无意，漫随天外云卷云舒"。意为一个人无论是获得荣宠还是蒙受毁辱，都应毫不惊惶，就好像悠闲时观赏庭前盛开又凋零的花朵；盛衰与自己无关，不论位高权重还是身处草根阶层，都像天上云朵，随意来去，对身份、地位毫不执着。

后人用"宠辱不惊"一词赞美那些在顺境中奋斗拼搏，在逆境中依旧坚持自我、不放弃理想的贤者。而现实生活中，人都有着这样那样的情绪，面对挫折困苦，难免心情低落、垂泪叹气；遇到幸事良机，又忍不住欢呼雀跃，有失稳重。其实，那些能置身事外有通透境界的人，可能从未手握重权叱咤风云，也未做出什么丰功伟绩，但必定是一个内心强大、能够掌控自己情绪的人。

杨律师毕业于国内某著名学府法学院，本硕连读之后顺利通过了国家司法考试，拿下了资格证，工作一年后就成长为独当一面的优秀律师。她做工作往往在事先不纠结得失成败，只是一门心思去努力，常挂在嘴边的一句话就是"谋事在人，成事在天"。

在杨律师所精专的刑事辩护业务领域，一场诉讼下来，输赢不仅关系经济利益，更多地会关系到一个人的自由和他的后半生。她一个年轻女性，却偏偏选了这么一个危机四伏又压力巨大的方向，让她的授业恩师和友人都十分意外。她自己却觉得与其为了赚钱做自己不那么喜欢的事，不如放开手脚去追求理想，刑事辩护虽然风险高、压力大，但是能够充分发挥她的业务专长，能救人于水火，作为法律人能见证国家法制的发展进步，没什么不好。但是说起来简单，坚持下来真的不容易。刑事辩护一个很大的特点就是"替坏人说话"，作为刑事案件被告人的"帮凶"，律师除了面对案件本身的困难，还要承受受害人家属和社会舆论的巨大压力。杨律师承办过十分出彩的案子，为被告人洗脱了冤屈，让真凶伏法，被媒体广为报道传播；也办过普普通通的盗抢案件，因为发表了依据法律可以减轻犯罪人责任的辩护意见，在受害人家属的怒骂诅咒声中走出法庭。

尤其作为强奸案件被告人的辩护律师时，遭到的侮辱、谩骂、诅咒，对于任何一个年轻的女性来说都是很难心平气和去接受的，但她依旧是一副波澜不惊的表情。在她看来，受害人家属之所以会那样愤怒和激动，她完全可以理解，但是国家法律在规定了犯人应被追究刑事责任之外，也明确规定了每个人，包括犯了罪的人，应当享有的基本人权。在站上法庭成为被告时，他们有权为自己辩解，有权借助律师的口发表对自己有利的意见，让每一个被告人作为"人"接受调查和审判，对杨律师来说，这比什么都更能体现法律的尊严。

杨律师能够做到宠辱不惊，得益于她能够理性地思考，引导自己的眼光看向积极的方面。对于自己从事的工作，只要不违反法律，又无愧于良心，不管他人怎么评价，也不会动摇她"但行好事，莫问前程"的决心。她常对那些不理解自己为什么在压力下还能保持良好心态的同事们说："生死眼前过，成败转头空，想想人这一辈子没有多少年，做好一件事就不容易了，想通了自己努力能做好的事和怎么也做不到的事，自然能不受外界或褒或贬的影响，闲看庭前花开花落，漫随天外云卷云舒。稳住心神，保持积极心态是自己努力能做的，他人的看法和说法，则是怎么也控制不了的，不用在意太多。"

受到夸赞会开心，遭到批评会难过，这是再简单不过的情绪条件反射，当我们遵循着这一反射规律应对外界评价时，只能说我们是"正常的"，却不能说我们足够成熟、强大，做得很好。

宠辱皆惊会使我们丧失情绪独立性，对他人的言行产生不合理的期待，在人际交往中陷入被动，被人无心伤害时还有可能反应过度，做出不成熟的举动，导致整体形象和气质受损，最终危害事业的发展。

他人的看法和评价固然重要，但我们很难让所有人都满意。对于他人的褒扬或贬低，能够做出改进的部分，自然要虚心听取，但如果只是对方一种情绪的表达，无益于自己为人处世的改善，我们是不是也要听风就是雨，让别人的好恶主宰了自己的情绪？这个问题的答案，相信你的心里已经有数。要记得，"闲言碎语耳边过，人间正道在心中"，走自己的路，让别人说去吧。

晕轮效应：
躲开偏见的陷阱

晕轮效应，又称"光环效应"，属于心理学范畴，指人们对他人的认知判断首先是根据个人的好恶得出的，然后再从这个判断推论出认知对象的其他品质的现象。由这个看似深奥的心理学现象引起的最常见的行为就是——偏见。

《社会心理学》中将"偏见"词条定义为"根据一定表象或虚假的信息相互作出判断，从而出现判断失误或判断本身与判断对象的真实情况不相符合现象"。错误的判断，盲目的推理，无知的肯定和否定，都是造成偏见的因素。现实生活中，我们很难避免根据第一印象带来的直觉定义他人的倾向，与其说不能避免，不如说我们都习惯这样做，并把这当作帮我们处理复杂而微妙的人际关系的"主观印象"，极少考虑自己所存的主观有可能滑向偏见一端，以至于无法在偏激的情感中审视自己的观点和立场，造成误解和尴尬。

　　美食杂志编辑白小林最近有点儿郁闷，郁闷的源头来自她办公室里新入职的一个实习生。

　　说起这个新人可真是了不得，她脸蛋漂亮身材好，打扮入时学历高，上班第一天就开了一辆银色小跑车，开进杂志社的院子径直就停在社长的大吉普车旁边，踩着一双猩红色高跟鞋，袅袅婷婷地走进办公楼。进了大门来不及跟众位同事打招呼，先接起了电话，娇滴滴地说："靓女，又想我了？那今儿晚上你老公就归我使唤了，不把本小姐伺候好了他可休想回家……你们俩可不是欠我的嘛，行行，本官的财力你是了解的，有的是银子票子，你自己在家乖乖的啊，少不了你的好处！"也不知道电话那头是谁，她这边一口一个"本小姐"，一口一个"本官"，笑得花枝乱颤，也不管同事们满脸惊讶诧异、厌恶不屑的表情。挂了电话，她整理了一下头发，脆生生地又开了腔："你们好，我是新来的实习生，我叫李天娇，今天开始在这里上班，请问白小林白主编在吗？"哎哟，好一个霸气外露的李天娇，白小林听见她打电话时那些不正经的话语，又见她这副千金小姐的尊容，心里说不出的别扭，初次见面又不好当面发作，只好冷着脸上前打了招呼。就这样，这个"天之骄女"加入了她的小组，成了她十分看不顺眼却又只能忍受的一名直线下属。

李天娇入职之后，白小林每天上班看见她就觉得碍眼，那明晃晃的金属耳环碍眼，那忽闪忽闪的长假睫毛碍眼，那"嘎噔嘎噔"响个不停的高跟鞋碍眼，尤其是她每天跟那个所谓的"靓女"打电话时说的那些话，简直就是不知廉耻，人家老公的内衣裤她都给买，她们之间是多么畸形又下流的关系！在这种厌恶之情的驱使下，白小林不但没有好好指导李天娇学习如何接手新工作，反而对她冷嘲热讽、处处刁难，李天娇的日子过得苦不堪言。她也不明白自己是哪里得罪了这位前辈，不管她怎么认真工作努力表现，得到的结果不是一通臭骂就是一声冷笑。总是拿热脸去贴冷屁股，她心里很委屈，关键是这位白大姐就像一块捂不暖的寒冰，任凭她卖力讨好，就是没用。

这天，李天娇又在白大主编的调教下遭了罪，终于忍不住跟白小林顶了嘴，她一边哭一边问白小林："老师，您对我有什么不满，有什么意见都可以直接对我说，为什么总对我这个态度，您说我是绣花枕头大草包，您说我是牙尖嘴利胸大无脑，这都不是批评了，这是人身攻击啊。我到底做错了什么，这么招您讨厌，您告诉我我改还不行吗……"白小林从没见过李天娇这副模样，看她哭得梨花带雨，眼泪扑簌簌地往下落，突然觉得自己是有些过分，李天娇再怎么娇蛮跋扈，再怎么道德败坏，那都是工作之外的事。在工作中，她能力出众，也算勤恳负责，自己一直跟她较劲儿，欺负一个刚毕业的孩子实在没必要。想到这里，她也软下了口气，安慰了李天娇几句，让她回去工作了。

自从那件事情发生之后，白小林开始注意自己的态度，有意识地调整自己看李天娇的眼光。这一注意，她还就真发现了让自己惭愧不已的真相——李天娇每天通电话调侃的那个"靓女"不是别人，正是她那人老心不老的母亲，而那个听起来与李天娇关系"龌龊"的男人，当然就是她的亲爹了。这样一来，别说是晚上跟他一起吃饭看电影，周末跟他一起登山郊游，就是买内衣内裤，关心睡眠如何、腰疼不疼，也一下清楚明白了。李天娇不是什么勾引别人老公的狐狸精，外表靓丽的她是个孝顺的好女孩，跟开明时髦的父母之间关系很亲密。得知了这点，白小林对李天娇的态度来了个180度大转弯，她发现了这个年轻漂亮的女孩身上越来越多的闪光点，不仅把她当作左膀右臂委以重任，还把她当作妹妹一样照顾，俩人变成了生活中的好友。

偏见带来的坏处总比好处多，因为从根源上讲它是根据片面、模糊、极端，甚至错误的知觉形成的。当一个人对某个人或团体持有偏见，就会对其产生一种不公平、不合理的消极否定态度，从而在情感、认知、意向等方面贬低、误解、伤害对方。故事中白小林根据她以往的人生经历总结出的属于"坏女人"的刻板印象，仅凭第一次见面就把外表靓丽、打扮时尚、行为很"潮"的李天娇轻易划入"坏女人"的分类，进而替天行道一般地欺负她、刁难她。在白小林借工作问题发泄的怒火中，并不包含对事不对人的正常因素，更多的是"看她不顺眼"这种极为主观的理由，可想而知，这种人际摩擦对开展工作、提高效率有百害而无一利。

除了工作场所偏见，在男女婚恋中极易出现偏见的地方就是相亲了。陌生的男女第一次见面前总会知道一些关于对方外貌、工作、收入的信息，见面后再加上第一眼"眼缘"基本就决定了对对方的态度，这时候抱有较严重偏见倾向的人就容易错失良缘，或者容易被某些善于伪装的对象迷惑。

避免因偏见伤人害己，你可以尝试这样做：

1.消除刻板印象，不要轻易对人下定义、划是非，主观认定某些人就是如何如何。

2.增加平等的个人间的接触，给彼此一个深入了解对方的机会，关注点不是外表，而是性格。

3.跳出日常相处环境，增加一些不同的合作场景，换个角度看对方。

不慌不乱，遇事镇定

为什么说人在遇事时一定要镇定，而且越是遇到大事、要事、坏事就越要镇定？因为慌乱解决不了任何问题，反而会把简单问题变复杂，小麻烦搞成大麻烦。人在慌张的时候心理和生理上都会产生一系列反应，比如心跳加快、呼吸急促、动作准确性降低、肢体活动不协调、判断力下降、思维和语言逻辑混乱、克服困难的意志功能下降等。

很多灾难性的遭遇袭来时，就是神仙也难扭转败局，谁也没有硬要求我们去力挽狂澜、改写时局。日常生活和工作中，遇事能稳住心神、处乱不惊就好，该看到的点看到了，该表达的意见表达了，谋事在人，便值得称道。试想一下，一个连自己的肢体都无法掌控的人，又怎么能控制局面、克服困境？在关键时刻能保持镇定、安抚他人，并冷静找出问题症结的人是"将才"，有成为领导的资质，而遇事先慌的人只能仰仗别人，屈居人下就一点儿也不委屈了。

刘宏伟是一家大型图书连锁企业的副总经理，兼任公共事务科主任，这个所谓"公共事务科"，其实就是我们常听说的"公关部"，负责处理书店的对外联系和突发事件。在他日常工作内容中处理起来最困难、最令人头疼的部分就是书店卖场内突发的人身伤害事故，而将年纪轻轻的他推上副总位置的，也正是他在负责这块工作时取得的傲人成果。

说起这位年轻有为的刘总，凡是跟他接触过的人，对他最大的印象便是他的镇定，这种镇定让他显得沉稳、老练，让岁数比他大的同事和顾客也会不自觉地对他肃然起敬。

这天，刘宏伟正在位于总店楼上的办公室里接受当地报纸读书栏目的记者采访，属下小王突然推开门冲了进来，没等刘宏伟开口问，她就大喊："刘总，坏了！打起来了！您快下去看看！孕妇！孕妇流产了！"她这话一出口，坐在沙发上的记者先是一惊，虽然他不是社会新闻部门的，但这么劲爆的突发事件，可得先把自己单位的同事叫来。眼看这个记者掏出手机要按，刘宏伟赶紧走过来，一边拉起他的手，一边对冲进门的女孩说："小王，你先别慌，正好都市报的记者在，咱们一起下去看看。"又转向记者："老丁，你刚才还问我每天忙些啥呢，正好我这活儿来了，你跟着一起下去吧，没准这事就是你出报道的好素材。"丁记者一看,人家副总没有下逐客令,反而很大方地邀请自己一同去看看情况,也不好急着打电话"搬兵",便起身跟着他一起下了楼。

到了楼下,看见一处书堆倒了,图书散落一地,地上坐着一个披头散发的年轻女人。旁边一个男青年正在跟书店工作人员拉扯,边扯边骂,说书店保安打了自己怀孕两个月的老婆,把她踹流产了。刘宏伟心头一惊,但面儿上并未慌乱,他先表明了身份,并示意小王赶紧去把女顾客搀扶起来,但那女顾客捂着肚子说自己是孕妇,被打坏了,怎么也不肯起身。刘宏伟走上前去,柔声对她说:"您有孕在身,地上凉,这么坐着恐怕会伤了身体,胎儿为重,您先起来,咱们到我办公室去说。您放心,我是这里的负责人,不管什么情况,您对我讲,我会妥善处理,为您解决。"他并未强行拉起孕妇,而是弯下腰伸出双手,表情恳切。旁边的男青年看见书店领导来了,也不再跟其他员工纠缠,冲过来揪着刘宏伟的衣领就骂:"你们店大欺客,我媳妇好好地走路,被你们的保安给打了,你们给我赔钱,我媳妇要是流产了,我要你们的命!"刘宏伟没有被他吓到,也没有奋力挣脱,他直视气急败坏的男人缓缓说道:"您看,我也是刚到现场,还不了解情况,不管是不是我们店的保安打人,您这样冲动也解决不了任何问题,让您妻子先起来吧,为了孩子,也不能一直坐在砖地上。我们店安装了无死角的高清监控探头,不管是谁行凶打人,绝逃不过摄像监控,我们解决不了,还有公安局能解决。"说完,他又示意小王把涉事员工先带到楼上去,同时叫保安科长去调取监控录像。地上的女顾客这时自己站了起来,拉着男青年说:"老公,要不算了,我觉得好多了,让他们赔点儿钱咱们走吧。"这一转变让所有人都没有想到,刘宏伟依旧不慌不忙,他颇有深意地看了一眼站在一旁的丁记者,对那个声称被打的女顾客说:"这怎么行,警察这就到了,我们把现场监控录像交给警方,然后马上在警方陪同下带您去医院检查身体,您放心,交由公安处理,不会放过一个坏人。"听他这么一说,那名刚才还气焰嚣张的男青年突然拉起女子就往人群外走,边走边恶狠狠地说:"不用了,我们还有急事,今天先算了,回头我媳妇要是有三长两短的我再来找你们算账!"

事情到这里,就算不请警察来调查,也已经水落石出了。刘宏伟每天面对书店里形形色色的顾客,处乱不惊已经成了他的习惯。用他的话说,气急冒火、上蹿下跳也解决不了任何问题,情绪平稳才能厘清因果,再坏的情况,也坏不过负责人不明原委就先跟着着急瞎折腾。

这人世间看似难以应对的大麻烦,往往也不是铁板一块,静下心来分析，总能找到一个突破口，探寻到有可能改变不利局面的途径。刘宏伟所处的岗位比较特殊，这就要求他时刻保持冷静清醒的头脑，每天大大小小的冲突考验着他的心理素质，也锻炼了他的情商。

如果是偶尔才会遇到冲突和麻烦的人呢？

首先要坚定的一个信念，就是切莫慌乱，让镇定自若成为一种惯性思维，开始时可能会比较难，因为遇事时条件反射，肾上腺素大量分泌会导致情绪不由自主地紧张，但有意识地进行调节后，生理上的应激反应可以得到控制，心理上也就能平复下来。我们的目标是缩短调适所需的时间，这个过渡期越短，人的应变能力越强，也就越能淡定处事。

在遇到突发、棘手的问题时，你可以尝试如下方法保持镇定：

1.有条件的话，找一张纸，在上面写三遍"不要慌张，冷静下来"；没有条件的话，攥紧拳头再放开，深吸气、深呼气，做三次缓慢的腹式呼吸，同时在心中默念"不要慌张，冷静下来"。

2.减缓语速，如果不知道怎样才算有话好好说，至少做到有话慢慢说。

3.用提问取代直接回答或直接指责，在提问的过程中引导对话的走向，避开针锋相对的矛头。

唯有简单，
能让我们全然放松和舒适

在日本的繁华都市有这样一群年轻女孩，她们心地纯洁、天真、不做作，热爱生命，活在当下，珍视并享受生活中点点滴滴的快乐和幸福。她们不虚荣，不追求奢侈品，穿着舒适随意，从不浓妆艳抹，从面容到发型服饰，整体给人一种刚走出森林那样清新自然的感觉，她们被称作"森林系女孩"，简称"森女"。

这个概念传入国内后，我们的身边也越来越多出现这种淳朴、清新的年轻姑娘，她们成长经历迥异，性格各不相同，却普遍都有着雏菊一样恬然生长的心绪，当她们走过车水马龙的闹市，仿佛给浮躁的人群吹进了一股凉凉的微风。

在家居创意设计行业工作了5年的女孩夏夏，就是一个名副其实的"森女"，其实早在这个称谓在都市中风靡之前，她就已经骑着小小的单车穿过大街小巷，过着简单恬淡的小生活。

打开夏夏的衣橱，没有什么昂贵大牌，也没有皮草华服，只有自然、舒适、返璞归真的棉麻布褂小衫，她不喜欢那些需要机器工业繁复加工的高科技材料，更不喜欢从小动物身上取得的毛皮。虽然工资收入早已超过一般白领，但她不追求名牌，不爱珠宝首饰，也不盲目高消费，每个月收入将近一半都贡献给了一个旨在恢复湿地生态的公益项目。她有能力买汽车，却坚持每天骑着自行车出行，对她来说，生活的城市虽然不小，但步行或骑车能满足日常需求，低碳环保又能锻炼身体；需要去远处可以坐地铁或搭乘公交，便宜便捷，还可以免受堵车之苦。

夏夏工作的公司提供免费自助工作餐，但她从不会取用过多，以免糟蹋食物。跟朋友们一起出去吃饭，她也总是劝大家少点些菜，不要铺张浪费，如果有没吃完的东西，就打包带走。

夏夏所在的行业竞争激烈，但她不愿意把竞争对手当作"敌人"，更不会带着恶意去与人攀比，能够做出点儿成绩，照亮这个世界中一个小小的角落就让她感觉心满意足。她乐于助人，就算现在新闻里有那么多关于"碰瓷"的负面报道，事主吃了亏、上了当还要自己承担损失，但遇到身陷困境的人，她还是会忍不住伸出援手。

夏夏是个戴着"有色眼镜"看人的主观主义者，她的"有色眼镜"是彩虹的颜色。在她眼里，没有什么人真正坏到十恶不赦，如果被他人伤害了，她也会哭泣难过，但绝不会让仇恨在自己的心里落地生根，她相信幸福的秘诀不是斤斤计较而是包容宽恕。

有人质疑夏夏这样的女孩是不是在"赶时髦"，怀疑她的随性与淡然是装出来的，夏夏自己不知道怎么去反驳，只是觉得与世无争的"森系生活"很适合自己。

世界很大，摊开双手，掌心却很小。她读书时也曾想过以后要拼搏奋斗，过上呼风唤雨的生活，但做着自己不擅长的事，装扮成符合别人喜好的样子，带给她的不是成功的喜悦，反而是沉重的压力。她一度怀疑自己到底是为了什么在生活，一条价值数千元的连衣裙，一顿花销好几百块钱的晚饭，小心翼翼选择着与人对话的措辞，为了赢得异性的好感忍着不喜欢踩上高跟鞋，值得吗？可是裙装季季换新，精美的食物吃完了只能饱一餐，在酒肉朋友心中她不过是一个"合作伙伴"，苦心经营的爱情不一定常保新鲜。

夏夏安慰自己说生活其实没有那么复杂，但让她不满足、不快乐的事总是会发生，越是想要得多，越是疲于奔命，越是不快乐。直到她审视自己的生活方式，发现只有从自己内心开始改变，心中放下了，生活才能真的变简单，看世界的眼光不一样了，想要的东西也不一样了。从欲望的旋涡里挣脱出来，夏夏成了一个清爽的"森系女孩"，跟随自己的心，过着心满意足的小日子。

为什么要遵从自己的内心？因为除此之外，没有其他方法能让一个人全然放松和舒适，在不伤害他人的前提下选择自己喜欢的生活方式。

生活这件事，往复杂了说，惊天动地、海阔天空，真是多少篇幅也讲不完；往简单了说，生下来，便活着，闭上眼睛充分休息，睁开眼睛又是全新的一天，尽量多做自己想做的事情，尽量满足自己的欲求，当欲望不那么巨大，小小的所得就能填满内心的渴望。

天堂未必能靠祈祷得来，但地狱一定藏在欲望之中，就像柏拉图说过的那样——决定一个人心情的不是环境，而是他的心境。挫败感、不满足不会管你是不是足够努力了，只要你拼命地想得到，得不到时就必然会受到消极的刺激。因此，总是先有"危楼高百尺"，后有"手可摘星辰"，如果殚精竭虑地建造摩天大楼让你感觉吃不消，为什么不躺在草地上仰望遥远的星空呢？小草和野花近在咫尺，晶莹的露珠一样值得流连垂青。

你想过上"森系"生活吗？也许你的心中已经有了答案。

内心强大，
方能笑到最后

和平年代已没有烽火硝烟、金戈铁马的战争，谈判无疑是最能体现某个人在应对激烈利益和情绪冲突时是否足够强大的一件事了。在谈判桌上真正需要注意的，不是那些咄咄逼人、动辄拍桌子瞪眼的人，最可怕的敌人，往往没有过多话语、过多表情，哪怕你出言不逊，有意或无意地挑衅，他们都能平和、理智地应对，绝不会把喜悦、愤怒、得意、失落等情绪随便写在脸上。

这种自然带有压迫感的气场让所有参会的人都会不由自主地安静下来聆听他的发言，让他所说的每个字都更有分量。而当他们体现出某种明显情绪的时候，你就要提防他们是不是在用"攻心术"，或厉声指责，或谄媚讨好，或泪眼婆娑，那并不是他们发自肺腑的真情流露，而是要扰乱你的心绪，让你跟着激动慌乱，不能冷静思考，甚至做出触及底线的让步。

高媛是个身形瘦小的女孩，说话声音不大，声线柔和，外表给人一种小家碧玉、温良谦和的感觉，其实却是一个名副其实的谈判高手。她供职的公司主营业务是舞台设施、布景安装与调试，一般都是先为委托方提供工程服务，等舞台投入使用，活动圆满结束了，施工和服务费用才能全部回收。这其中必然有一部分项目因为这样那样的原因，发生这样那样的问题，结果不是那么圆满，工程款不能及时、全额回收的情况很多见。高媛负责的部门是个有6名干将的小团队，他们就是专门负责与客户接洽，回收这种不良项目款项的。如果说业务部、工程部的同事是把口粮找到、做熟，那么她带领的结算组就承担着保证每个伙伴"吃到饭"的重任。不管是什么"山珍海味"，烹饪过程多么复杂辛苦，吃不到嘴里，还是等于没有。与高媛熟识的朋友都知道，她不是一个典型的女强人，她自己也常说，自己唯一的优点就是淡定。但实际上，她并非内心麻木，作为女人，她也有丰富的情绪，内心也容易有喜怒哀乐的波动。但面对工作，她知道首要目标是什么，知道自己肩上担负着他人的生计，再充沛的情感，再翻江倒海的心绪，也不会乱用。

有一次与一家无正当理由拖欠工程款的老赖交涉，对方派出了一位流里流气的副总，从会谈一开始，他就揪住高媛的性别不放，讽刺高媛的公司"难怪工程做得烂，原来是已经派不出能用的男人了，整个娘们儿来出头"，还时不时开一些下流的玩笑，就是不谈结款的正题。面对这样尴尬的境况，同行的两位男助手都暗自替高媛捏把汗，虽然来之前就知道这家公司不好对付，却没想到他们会用这种不入流的手段逃避付款义务。高媛却并没有丝毫失态，挑衅羞辱的话她一概不理，对方扔出黄段子，她也不生气，还夸对方的副总年轻有为、风趣幽默。就这样你来我往地扯扯闲话，谈谈工程，一个小时过去了，对方渐渐收起了剑拔弩张的攻势，尤其是那个一开始逼得很紧的副总，在高媛几番奉承下，他早已飘飘然找不着北了。

在高媛见缝插针的提问中，他不但承认了工程实际上没问题，活动也办完了，就是公司最近摊上了官司，老板的"小三"开车把人撞了，钱都被挪去救火了，所以拖着高媛他们公司的工程款不愿意给。他还轻浮地说："想要钱也好办，我们公司不是真没钱，但要看花在谁身上，你看我们大哥那个'干闺女'多懂事儿啊，几百万砸在她身上我们都不心疼，高小姐不是智障者，你们公司这区区几十万，不过就是一句话的事，好解决，就看高小姐赏不赏脸啦。"高媛淡淡一笑，婉拒了这位副总的"邀请"，宣布结束谈判，带着助手离开了那个令她作呕的会议室。

返回公司的车上，两个助手试探地问高媛该怎么办，高媛突然掏出一个看上去很精致的小盒子，按下上面一个方形凸起，刚才会议上的对话十分清晰地响起来："对对，工程质量确实没问题，拿出验收单来我们也没什么好说的，但是你别跟我讲合同讲法律，钱在我们手里，我们说不给，你不能抢不能偷，有本事你去法院告啊。"

谈判结束当天，高媛跟几个至交出去唱歌喝酒，在KTV包房吼了几个小时，把心里的憋屈、愤怒都吼了出去，按她的话说，遇到如此无赖，不生气的是木头，但如果因为生气就把正事办砸了，还不如木头。这件事的结果当然是那个气焰嚣张的老赖公司乖乖支付了全部工程款，高媛的辉煌战绩上又多了传奇一笔。

受许多影视作品的影响，常人印象里能左右谈判局势的"大人物"往往是个中老年男性，穿着笔挺昂贵的西装，戴着金丝边眼镜，一脸风云莫测。而现实生活中的谈判高手却往往是一些乍看上去普普通通的人，走在路上回头率基本是零，进了会议室也不会被当成主要攻关目标，真正把他们与其他人区分开来的，不是强势的外表，而是强大的内心。

韩非子在《说难》中讲，龙的脖子上有两块逆鳞，谁触动了它，龙就会大发雷霆。"逆鳞"这个东西，我们每个人都有，被触动到心中的厌恶、恐惧、缺憾、隐私，人就容易情绪失控，交往中因为对方说话不好听，交谈话不投机，不欢而散的现象很多，所以有句俗语告诫人们"当着矬人，别说短话"，意思就是要尽量减少容易激起对方敌意的言行，避免触及"逆鳞"。但我们当中的很多人，却比"真龙"的脾气还要大，"逆鳞"不只两三块，大有浑身是刺的势头，人家不小心说错点儿什么都能立刻剑拔弩张起来，完全忘了一开始交流的初衷。其实，越是内心软弱的人，越是敏感，情绪越容易被外界的刺激左右，真正强大的人反而不容易情绪激动。

敞开心扉，
就能拥抱整个世界

"生命诚可贵，爱情价更高。若为自由故，两者皆可抛。"这是1847年匈牙利爱国诗人、革命英雄裴多菲为呼唤民族和民主的自由写下的不朽诗篇。生于乱世的人为了反抗奴役、追求自由，不惜献出宝贵的生命，活在和平年代的人们则用不断地创新拓展人类繁衍生息的疆界。

人的肉体是那么脆弱，造物主赋予人类身体的机能跟其他一些动物比起来简直就是"弱爆"了，不得不承认，肉体的自由始终十分有限。但人类又是当之无愧的万物之灵，没有翅膀也没有獠牙，却统治着整个地球。人类的强大，强大在内心，人类的自由，归根结底要向内心去找寻。

冬子19岁那年生了一场大病，因为急性脊髓炎连续高烧半个多月，最后炎症抑制住了，烧也退了，好好的一个阳光男孩却落下了双腿瘫痪的残疾,生活无法自理,想出趟门就要坐在轮椅上。医生告诉冬子和他的家人,冬子的腿不是没有好转的可能,但是究竟要经过多久的治疗,能恢复到什么程度,谁也给不了确定的答案。

一年的复健治疗做下来,冬子的双腿终于有了一些知觉,但距离全家人期望的康复还很遥远,轮椅和各种预防皮肤、神经感染的药物依旧是他生活中必不可少的"伴侣"。走不了路的冬子只好再申请休学一年,与昔日同学伙伴也慢慢疏远了,就算隔月还会有同学朋友前来慰问,毕竟也不能整天陪着他,冬子的生活被局限在了很小的空间里,这让他感觉自己就像笼子里的鸟、鱼缸里的鱼,明明是大好的年纪,却失去了自由,被残酷的命运禁锢在了小小一方轮椅里。就在冬子的情绪越来越低落,心中希望的火苗就要熄灭的时候,在复健中心认识的一位新朋友走进了他的生活,也点燃了他心中对自由的向往。

潇然对于冬子来说就是一个天使,这个因意外事故失去光明的姑娘并不需要再做额外的治疗或康复训练,她来到康复中心,是以义工身份前来提供帮助的。开始时冬子觉得很惊讶,一个瞎姑娘,照顾自己都成问题,怎么还跑出来帮别人,她能为别人做啥呢?当潇然第一次在冬子面前弹起钢琴,贝多芬的名曲《月光》在她修长的手指下倾泻而出时,冬子惊呆了。之前他没有听过什么演奏会，在他印象里，以前自己中学的音乐老师弹琴都没有这么棒。一曲终了，冬子却还沉浸在那美妙的旋律中，直到潇然在护工的帮助下走到冬子身前，拍拍他瘦削的膝头说："怎么样，姐弹琴牛不牛？""牛！真牛！"冬子由衷地赞叹。"那好，姐可是传说中的钢琴大师，这曲子要去音乐厅，买票就得好几百，你小子可不能白听哟。"潇然顽皮地笑着，故作土匪的口气对冬子说，"这世上没有什么美好的东西能平白无故获得，咱们来做个交易，以后我弹琴给你听，你来读书给我听，好不好？"冬子使劲点头，突然想到面前的女孩根本看不见，赶忙说："好！你要听什么书，我给你念！"潇然站起身来，转向窗子的方向，仿佛在极目远眺，"我给你准备，你照着念就行啦"。

从第二天起，冬子就当起了潇然的"读书郎"，开始时只是潇然一个人听他念书，后来潇然又带来了其他眼盲的孩子，再后来康复中心的其他小朋友也加入进来。他们有时候在康复中心活动室里念儒勒·凡尔纳的科学幻想小说，有时在花园里念白话版的《资治通鉴》或《史记》，有时晚间相聚，还会讲些鬼怪故事，孩子们互相依偎着，一边害怕一边又想听。冬子的声音非常动听，念起书来声情并茂，有时还会加上一些发挥和创新，深得听众朋友们的喜爱，人气飙升，在社区里也渐渐有了名气。在书籍的海洋中，冬子再也不会感觉自己受到禁锢，他的身体虽未动，一颗自由奔腾的心却早已随着书中人物远行，看见日出沧海，看见星耀苍穹，他为书中人物真挚的情感欢笑落泪，也从书中了解世界各地的风土人情。

在与潇然的"交易"开始两年后，冬子终于告别了轮椅，能拄着双拐慢慢行走，他与当地残联合作，录制了自己的读书光盘，在电台里有了一档名叫"冬子故事会"的心灵励志节目。现在的他不仅读别人的名著，自己也开始创作，将本科专业修完后，他一边继续攻读研究生课程，一边与他的天使潇然展开幸福的婚姻生活。

正在阅读这本书的各位都是非常幸运的人，你们有明亮的双眸，有追求内心更高境界的愿望，也有能力捧起镌刻着他人思维火花的书本，徜徉在思想的海洋。

我们生活在一个迄今为止最好的时代，经济和科技的迅猛发展帮助每一个人生出羽翼，只要敞开心扉，就能拥抱整个世界乃至广袤无垠的宇宙；我们也生活在一个无比险恶的年代，无形的脚镣将我们困在不可名状的牢笼里，有些人成了欲望的奴隶、情绪的奴隶，因为求之不得而终日痛苦，哪怕四肢健全，心智毫无残缺，却总活在一个狭窄的套子里，每天围绕着车子、房子、票子打转，觉得空虚郁闷，又不知道怎么才能把心灵填满。

不要失去对这个世界的好奇心，不管多忙、多累，也要坚持阅读、旅行，做一个内心自由的人。最重要的是知道自己在做什么、为什么而做，与其因为不能拥有的东西生气悲叹，不如珍视自己拥有的一切，乐观积极地争取想要的未来。

人生海海，
时间是万能的灵药

人生的道路上布满了荆棘和坎坷，大多数人都要经历这些荆棘和坎坷，能从艰难困苦中走出来则有一番别样的滋味。不管你是否害怕困境，但必须承认的是，生活中的困境是无法避免的。尤其是处在人生低谷的时期，我们要承受来自各方面的压力，包括生活上、精神上以及人格尊严上的，但困境不等于绝境，任何问题都有多种解决方法。

"山重水复疑无路，柳暗花明又一村。"没有绝对的绝境，只是你的心没有打开，误以为进入了绝境。一颗封闭的心，就好比一个没有窗户的房间，会永远处在黑暗之中。只要你肯捅破那层遮挡你光明的纸，阳光就会射进来。

其实每个人都会经历不愉快的事情。消极的人，会用那些不愉快的经历不断地折磨自己，直到死去。而积极的人却坚信一切苦难都会过去，他们终究会尝到克服困难之后结出的甜美果实。

詹姆斯的父亲曾经是位拳击冠军，有着硬朗的身子。年轻的时候，那副硬朗的身体能够帮他抵御疾病的缠绕。很不幸的是，在他年纪渐大的时候，他患了肺结核，病得很严重。他的病情日益恶化，一阵接一阵地咳嗽，脸色显得苍白，说话也有气无力，他自知时日不多了。

一天晚饭后，他将全家人都叫到病榻前，艰难地看了每个人一眼，缓缓地说道："在那次全州冠军对抗赛上，对手是个人高马大的黑人拳击手，而我个子矮小，明显处于劣势，于是我一次次被对方击倒，牙齿也被打掉了一颗。但在我休息的时候，教练鼓励我，说我能行，叫我一定要坚持到最后一局！于是我告诉自己一定要坚持住，我能应付过去的。当时，我的身子像一块巨大的石头艰难地挪动着，对手的拳头击打在我的身上，发出空洞的声音，我感到害怕。跌倒，爬起，再被击倒……就这样反复着，我终于熬到了最后一局。对手开始胆怯了，那时，我才真正地反击，你们也许体会不到我是在用我的意志打击，我们两人的血混在一起，血腥味伴着人们的呼喊声更激发起了我的斗志。当时，我的眼前有无数个影子在晃，我终于找准了机会，狠命地一击，他倒下了，而我终于挺过来了。最终我获得了我职业生涯中唯一的金牌。"

艰难地说完这段话，他将手搭在詹姆斯的手上，微微一笑，说："孩子，不要紧，才一点点痛，没什么事，我能应付过去。以后你在遇到困难时，一定不要绝望，告诉自己我能挺过去的。"第二天，詹姆斯的父亲就咯血而亡了。詹姆斯在那段日子里，过得相当艰难。经济危机爆发后，詹姆斯和妻子先后失业了，家里的境况每况愈下，詹姆斯和妻子每天都在外面奔波找工作，当晚上回来的时候，常常失望大于希望，彼此面对面地摇头。但在那种艰难的情况下，他们也没有气馁，而是互相鼓励："不要紧，我们会挺过去的，一切都会过去。"

之后，詹姆斯和妻子都重新找到了工作。每当他们坐在餐桌旁静静地吃饭的时候，他们就会想到父亲，想到父亲的那句"我能挺过去"，他们把它作为生活的座右铭。

每个人都有生活艰苦难耐的时候，但要咬紧牙关坚持下去，在困境中对自己说："一切都会好起来的！我能挺过去！一切都会过去。"

詹姆斯的故事告诉我们，无论遭受什么挫折，身陷何种逆境，都不要心灰意冷，要相信"一切都会过去"。生活总是几多欢喜几多愁，没有永远的风光，也没有永远的黑暗。就算你暂时陷入困境，但请正视现状，让心平静，化悲伤为动力，来化解困局。

人的一生中都会面对各种考验和陷入各种困难，但你更不应该烦恼，此时的烦恼不仅会吞噬你的快乐，更会淹没你脑海中已形成的解决方案。要带着一颗"一切都会过去的"的淡定心态来应对。

很多危机都是突然来袭，令人措手不及。你表现得越慌张，问题反而变得越棘手。这时，不妨先让自己镇定下来，想想究竟该怎么做。不能立马解决的问题，随着时间的推移就会解决，别忘了时间是万能的灵药。

用心中的火光照耀他人

因为害怕黑暗，人类向上帝要求光明；因为害怕冰冷，人类又向上帝要求火焰；但人们发现自己还是在瑟瑟发抖，外界的冰冷和阴暗虽然被光明和火焰驱散，内心的阴霾却依旧困扰着弱小的人类。这一次，上帝赐给了人们"爱"，因为有了爱，人们学会了与他人交换情绪，学会了用心中的火光向他人、向这个世界传递温暖。

人们常把那些在关键时刻给予自己帮助和提携，让自己突飞猛进并走向成功的人当作自己的"贵人"。在一般人眼中，有钱有势、手握人脉资源的人可能是自己的"贵人"，而在春吉看来，他的贵人却是一位在胡同口修自行车的老大爷。

事情还要从3个月前说起，刚拿了工资的春吉和一帮兄弟约好去KTV唱歌，在出发前突然接到单位的电话说财务科丢了钱，让身为出纳的他赶紧回去。春吉也顾不上多想，调转自行车就往单位飞奔，到了单位，看见老板和几个同事都围在财务办公室门口，里面有几个穿制服的警察正在进进出出地忙碌。一番询问下来，春吉发现自己处境不妙，丢钱的事自然先怀疑到他这个管钱的人头上，而他也拿不出什么证据证明自己的清白。老板娘是一个十分泼辣的中年女人，一心怀疑是春吉手脚不干净，也没顾及他的脸面，当着所有人大声质问他。暂不论钱是怎么丢的、谁拿的，就是被当作贼来质问，已经足够让春吉面红耳赤，不知所措了。他气急败坏地与老板娘争执，真恨身上没有一百张嘴为自己申冤。丢钱的事就这样折腾了好几天，最后查明竟然是老板的小儿子为了去网吧玩游戏，溜进财务室偷走的。春吉洗脱了冤屈，但在这几天里老板娘刻薄的言语、斩钉截铁的指责，早已深深扎进他心里。他越想越郁闷，便开始谋划着怎么教训老板娘一顿，出口恶气。他被怒火冲昏了头脑，已经顾不上复仇行动会有多么严重的后果。

这天，春吉把旧书包夹在自行车后座上，就出了门。想着自己即将干的"大事"，他无比紧张慌乱，没注意路面，也不知怎么的自行车轮卡进了地面缝隙，整个前轱辘都扭得变形了，没办法，他只好先推着车去胡同口修。远远看见修车大爷老刘的摊前有个人正在高声叫骂，很多人站在旁边围观，原来他怀疑老刘把他车筐里的公文包藏起来了，那个公文包里可装着两万多元货款呢。这业务员在送货款的路上车胎扎了，他记得清清楚楚就是连着公文包一起把车交给了老刘，自己去旁边面馆吃午饭，结账时突然想起钱的事，急忙赶回来找，可老刘说没看见什么公文包。面对客人跳着脚怒骂，老刘非但没有生气与他对骂，反而客客气气地对他说自己已经帮他报了警，等警察来了会把事情查清楚，让他少安毋躁，并请他在面积并不大的小摊翻找。在老刘态度诚恳的解释下，那个丢钱的业务员也不好再发作，他擦着汗，口气软下来，对老刘说："师傅，您别怪我态度差，我是真着急啊，那是单位的货款，丢了就要我自己掏钱补上，我家里孩子还在生病，哪有这个闲钱，怎么就丢了呢，我是真记得放在这车筐里的啊！"老刘给他搬了个小凳子让他先坐下，拍着他的肩膀说道："刚才跟你一块儿到摊上的还有两拨客人，都跟你一样，扔下车先去干别的了，我老了，也糊涂了，真没注意你车上还有个包，要不然肯定提醒你拿好了再走。现在找不到了你也别急，先坐坐，等会儿警察来了，他们有办法，要真是我老汉拿的，你放心，我也跑不了。"被老刘这么一说，那个丢钱的反倒不好意思起来，正在他跟老刘说话的时候，警察来了。让人惊讶的是警察还带着个黑色的公文包，问是不是那个业务员丢的，说是有孩子捡到发现里面全是钱就交到了派出所。事情一下子水落石出了，老刘、警察和那个业务员都松了一口气，业务员对老刘连声道歉，最后大家笑成了一片。

春吉看着眼前发生的一切，发现老刘跟自己的遭遇如出一辙，可他泰然处之并化干戈为玉帛，自己却钻牛角尖甚至不惜犯罪复仇、玉石俱焚……他突然醒悟过来，老刘积极、平和的言行就像阳光射进他心里，驱散了浓重的阴霾，把他拉出了犯罪的深渊。他看看自己七扭八歪的车轱辘，心想一切都过去了，把它修好就回家，晚上还有球赛呢。

你的命运受你周围的人所见所闻影响，当你周围的人表现出积极、幸福、乐观时，你也会被正能量带来的积极氛围感染；而你的言行也是影响周围人命运的小小因素，你的良善言行无疑会鼓舞和影响他们，帮助他们向着积极的方向发展。

我们每一个人都是社会的一分子，每个人的内心都蕴藏着无穷无尽的正能量，不要让乌云遮掩了心中的那颗小太阳，别把自己的善良隐藏于心底，别吝啬自己的一次次平凡善举，可能你的一次无心之举，就能点亮别人的人生。

第六章

抛开枷锁,
警惕身边的
情绪勒索

踢猫效应：
坏情绪是个污染源

　　心理学上有个著名的"踢猫效应"，说的是人的不满情绪和糟糕心情，一般会沿着等级和强弱组成的社会关系链条依次传递，由金字塔尖的强势者一路扩散到最底层的弱势者，无处发泄的最弱小的那一个群体，被形象地比喻成"小猫"，就成了最终的受害者。

　　任何人都会有心情不好的时候，每当这时，首先要有忍耐和克制精神，学会转移善良积极的情绪，不把不良情绪发泄到周围人身上，不能仗着自己的身份、地位肆意欺凌弱小；其次是不能把工作场合的坏情绪带回家，将心中的怨气发泄到与自己关系亲密的家人身上。

　　坏情绪就像恼人的流感病毒，人群中一旦有一个人"染病"，与他接近的人也可能跟着遭殃。情绪病毒的产生是心理平衡机制失调所致，它的传播也是借助个体粗暴、冷漠等消极态度去攻击他人的心理防卫机制，造成被攻击者与"病原体"情绪同化，变得情绪低落甚至比他更加郁闷、暴躁。

坏情绪的扩散无疑会造成一种紧张、烦恼甚至敌意的气氛在人群中蔓延。在消极负面情绪的影响下，大面积或连锁性质的多人心情不畅，负能量在一定范围内堆集。

亚楠受了领导的气，一大早就因为别人的错误背黑锅，挨了骂还被扣了半个月的奖金，她心里这叫一个憋屈。碍于领导的威严，她敢怒不敢言，连解释的话也不敢多说，眼泪在眼眶里打转。好不容易在同事异样的眼光中熬过了上午，中午去餐厅吃饭时，邻桌的男人不小心把菜汤溅在了她的衬衣袖子上，这可一下子激怒了满腔怨气的亚楠。她"腾"地一下站起来，指着那个"肇事者"就破口大骂："你是没长眼睛怎么着！菜汤甩我身上了！我这衬衣好几百买的，沾上臭油腥洗不掉你懂不懂！什么素质啊！"被骂的这个倒霉男人叫林海，跟亚楠同在一个公司却不在同一部门，顶多见过，互相并不认识。他自知理亏，对方又是个明显岁数比自己小的姑娘，在众目睽睽之下不好发作，只得连连道歉，饭都没吃完就端着盘子耷拉着脑袋逃也似的离开了餐厅。

回到办公室，林海越想越觉得委屈，把菜汤溅到人家衣服上确实是自己不对，但自己真不是故意的。而且这事也不到十恶不赦的地步，对方犯得着骂得那么难听吗？自己都这么大岁数了，当着那么多人被一姑娘劈头盖脸地骂，周围还有好几个下属在看热闹，脸面往哪里放。他越想越气，恨自己刚才忍气吞声太软弱，就应该狠狠回敬那个"泼妇"几句，让她知道什么叫真正的没教养。

在这种"一失足成千古恨，一嘴软成软柿子"的悔恨和不甘中，林海度过了一个如坐针毡的下午。好不容易盼到下班了，部门却来了紧急任务，要他再加一会儿班。林海心有不满，也没有别的办法，只好哭丧着脸继续埋头工作。

这时候他的电话响了起来，来电话的是他的老母亲，接起电话就听母亲催促道："怎么还不回来，我和你爸早就做好了饭，汤都凉了，你不会又把回家吃饭的事忘了吧？"林海这才想起来，早晨跟父母约好了晚上回家吃饭，但是手头的活儿还没做完，他心里气急，对母亲没好气地说："你怎么就知道我忘了！我又不像你跟我爸，退休了成天在家闲得没事干，我还要工作！老板让我加班难道我能说不加就不加吗？真是的！老这样催催催，你们不会先吃吗？没事净给我添乱，我这忙成这样了还要跟你讲电话！我不回去了，你们自己吃吧！"说完就挂断了电话。

电话那头,林海的母亲气得手直发抖,老太太心疼儿子,从中午就开始忙活,特意做了一大桌子他最爱吃的菜,却没想到打个电话喊他回家会遭到这样一顿抢白。

撂下电话,老太太开始抹眼泪,林海的父亲一看老伴哭了,拿起电话就要好好教训一下不孝子,老太太却拉着不让他打,儿子的话如钢针插在她心口,"成天在家闲得没事干……没事净给我添乱……"她不想自己岁数大了成为儿子的负担,更不想让老伴也面对儿子不耐烦的吼叫。林老爹气得跺脚,转过脸来就吼林海的母亲,说儿子这么混蛋都是被她这个当妈的惯出来的,捧在手心怕摔着,舍不得打舍不得罚,才变成如今这么放肆,一点儿也不懂孝道。

骂完了哭哭啼啼的老伴,林老爹扔下筷子甩门离去,林家这顿家宴算是泡汤了。气得呼哧带喘的林老爹下了楼,迎面遇上邻居孙大爷,孙大爷见他吹胡子瞪眼往前冲,赶忙拉住他问出什么事了。俩老头把这事一聊,原本开开心心出来遛弯的孙大爷想起自己远在外地的女儿,平时电话不打一个,不到过年连人影也见不着,心里一股悲伤涌上来,也跟着连连叹气。两个老头坐在花园的长椅上,落寞的背影格外凄凉。

一个控制不了情绪,不懂得尊重和保护亲友的人,不能算是一个成熟、有责任心的人。不要以为把情绪发泄到别人身上对自己有利无害，这个世界上没有不需买单的伤害，当一个人不注意调节自己所处的情绪环境，任由情绪污染发生、恶化，最终受毒害的还是自己。

别让猜疑毁了
来之不易的感情

情侣之间,常常会说出类似这样的话。

"因为爱你,我才不要你的身边出现别的女人。"

"因为太怕失去你,我才对你的每一个举动那么在意。"

"因为想和你一起老去,我才不想让任何人夺走你。"

"以爱之名",原本是多么浪漫的一个词语,可是,当它成为情侣间互相猜疑的借口时,便变得面目模糊了。

我家隔壁住着一对小夫妻,他俩经常吵架,而起因大多是女方阿青经常猜疑丈夫。

阿青原本很幸福,丈夫特别疼爱她,对她百依百顺,可她总是对眼前的幸福患得患失,总是怀疑自己的幸福最后一定会被某个女人偷走。所以,她整天提心吊胆,几乎无暇品味幸福的滋味。

难道婚姻真的是爱情的坟墓吗？难道男人真的都会吃着碗里的，看着锅里的吗？难道男人在得到一个女人后，就会因为得到了就不好好珍惜了吗？难道他们根本不懂得长情吗？阿青脑子里每天回旋着这些问题，久而久之，她对丈夫便有了防范之心。她开始偷偷检查丈夫的公文包，偷翻他的口袋，拆他的信件，盘问丈夫的朋友，比如说丈夫最近去了哪里，见过哪些女人之类，她甚至开始跟踪丈夫。

一天，阿青接到丈夫的电话说要加班，她的脑子"嗡"的一声炸了。她想，男人一般说"加班"的时候，便一定有问题。她决定采取行动——给加班的丈夫送饭。

晚上十点多，她来到丈夫办公楼下，看到整栋楼只有一间房间亮着灯，她的腿都软了。她心痛地想，不知道那间屋子里正在发生着什么呢！于是，她蹑手蹑脚地绕过保安，爬上了亮着灯的那一层。等她悄悄透过门上的玻璃看到埋头工作着的丈夫时，心终于安定下来了。可这时，楼道尽头处一声大喊："喂！谁在那里？"她一愣神，反应过来，想起不能让丈夫发现自己，便转身就跑，结果被保安逮了个正着。

正当她和保安在楼道里纠缠不清的时候，丈夫闻声出来，看到妻子，还没有明白发生了什么。保安便口口声声说这个女人鬼鬼祟祟的，丈夫这才明白发生了什么。他上前去跟保安解释清楚，保安这才放了阿青。

当丈夫第一次发现阿青这样猜疑自己时，他只是无奈地笑笑，知道妻子是因为爱自己，便带着她回家了。然而这样的事一而再，再而三地发生……终于，丈夫在又一次发现被阿青跟踪后拂袖而去。

那天本来是周末，丈夫接到一个电话，说是要去见一个客户，有一个合同着急要签，不然会耽误两方的工作进度。阿青想，什么客户非得赶在休息日呢，于是她又起了疑心。等丈夫出门后，她便尾随着丈夫到了一家咖啡馆里。果然，丈夫坐在了一个女人的对面。她来不及细细打量那女的，便怒火中烧，气呼呼地冲进咖啡馆，劈头盖脸地将两个人一顿臭骂。

那女的脸红一阵白一阵，拎着包就走。阿青还打算不让她走，结果被丈夫死死拽住。等那女的走了，阿青又哭又闹，说丈夫偏袒那个小妖精。

那时正是咖啡馆里人流量大的时候，大家都将目光转移到这边，丈夫一怒之下，将桌上一沓合同扔给阿青，然后拂袖而去。阿青这才发现，丈夫的字才签了一半，客户还没有签字。等阿青回到家，她发现丈夫已经收拾好自己的行李不知道去哪儿了。

几天后，她左等右等不见人回家，便去了丈夫的单位。有人告诉她，她丈夫丢了一单很大的生意，十分内疚，主动要求暂时调去偏僻的小镇。她这才疯了一般，买了去那个小镇的火车票，颠簸十几个小时，找到了丈夫。丈夫压根儿不愿意理她。是啊，他能不生气吗？一而再，再而三地怀疑他，挑战他的忍耐底线。现在，单位上上下下都知道，他娶了个爱猜疑的老婆。男同事老拿他开玩笑，女同事更是连话都不敢与他说，甚至在他问为什么时，同事这样回答他："我敢跟你说话吗？我怕哪天你老婆把我当你的情人，在街上暴打一顿呢。"

阿青这样伤害丈夫的自尊心，还阻碍他事业的发展，实在让他不能容忍。然而，丈夫毕竟是爱她的。最终，在阿青千般保证万般发誓之后，他还是原谅了她，跟着她回了家。

阿青的疑心病很多人都有，特别是天生情感细腻、敏感的人很容易让自己陷入猜疑的旋涡中。情侣之间最重要的就是互相信任，而猜疑则会破坏双方情感，最后导致不欢而散。

既然双方已经是彼此的有情人，就要放手去爱，坦诚相对，别让猜疑毁了来之不易的感情。

用简单的
心感恩一切

在洛杉矶的一个家庭里,一大早,三个黑人孩子就开始在餐桌上埋头写着什么。三个认真的孩子并不是在写学校的作业,而是每天必写的感恩信。

他们每个人都写了很多,大致的内容是"路边的花开得真漂亮""昨天的天气真好""昨天妈妈讲的故事很有意思"这样的句子。他们还会感谢自己有饭吃,感谢爸爸妈妈的辛勤工作,也会感谢同伴们……这些虽然非常简单,却能让孩子们的心变得简单而又单纯。

感恩并不一定是感谢对你有很大帮助的人。感恩更多的是一种生活态度,是一种善于发现和欣赏蕴藏在生活中的美的独特态度。就像这些孩子们一样,拥有感恩的心,自然能感受更多的美好和幸福。

感恩的心是可以培养的。如果一个人想要拥有美好幸福的生活，就要学会去培养一颗感恩的心。当你想"我还需要什么"的时候，就换成想"我现在拥有什么，我所拥有的是从哪来的"。这时你会发现，其实自己已经是一个什么都不缺的人了。

杨丹和何渺是同一批被招进公司的员工。两人学的是同一专业，能力不相上下。可是，三个月的试用期过后，却是一去一留的结果。

杨丹刚进入公司，事事都怀着一颗感恩的心，无论经理给她安排什么任务，她都乐于接受。有一次，同事对杨丹说："杨丹，经理是不是故意整你的，怎么给你安排这样一个任务呀？这明显就是难为你嘛！"杨丹却说："就当是考验我了，也好让我快点儿上手啊。"

甚至在别人指出她工作中的错误时，她也高兴得像受了表扬一样。一次，刘姐指出了杨丹企划书中的不足，杨丹非常感动，当着全办公室人的面感谢刘姐。这还不够，她非要请刘姐吃饭，说只有这样才能表达自己的感激之情。

那次周末，该刘姐值班了，杨丹主动要求替刘姐值班，并对刘姐说："你可以在周末好好地陪陪孩子。我周末也没事，就当给自己找一件事做了。"

公司里的人都非常喜欢杨丹，也愿意在工作中帮助她。杨丹的勤奋好学，促使她的工作能力突飞猛进。

何渺与杨丹很不一样，总是一副自以为是的样子。即使有人帮助了她，她也觉得这并不是一件什么了不起的事，一副理所当然的样子。于是，大家都不愿意再去主动帮助她。这样一来，何渺在工作上进步很慢，又没有团队合作精神，最终被公司辞退。

这个世界上，没有人有义务要对你好。如果有人愿意对你好，你就要表达感谢之情，这样对方才会觉得自己的爱有回应；如果别人对你很好，你却没有任何表示，甚至连一句"谢谢"都懒得说，那真的会让对方感觉自己是在自作多情。

就像杨丹和何渺的故事一样，因为两人对待生活的态度不同，所以产生了两种截然不同的结果。现在是一份工作，那以后呢？何渺还要经历其他的工作，还要经历爱情，还要经历家庭生活。没有感恩的心她如何能感受生活中的美，又如何能感受幸福呢？

杨丹就不同了。杨丹的态度不仅让别人喜欢她，重要的是她愉悦了自己。有了感恩的心，她以后无论面临什么样的生活，都会用心去感谢生活给她的美好。这样的她一定是幸福的。

懂得感恩的人是满足的。他们满足于当下的生活，满足于自己所拥有的，把每一天都当成是生命赐予自己的礼物，用最好的心情和最好的状态去面对每一天。

也许在最初的时候,每个人都敏感地感受着花开花落,为此悲伤,为彼伤神。我们就用这种方式深刻地体验着生活,想用心记住每一天。

在成长的过程中,我们失去着也收获着,迷茫着也困惑着,不知道生活的真相是什么,或者想问生活是不是喜欢戴着面具上演恶作剧。终于,我们变成了成熟的人,揭开生活的面具后才发现,原来恶作剧只不过是一场玩笑,只是当时不懂得放肆地大笑。

如今,我们开始明白生活赐予的一切都是如此地难得,不管是难过还是开心,都是生活的点缀。于是我们开始感恩一切,开始用简单的心感受这一切,不求深刻,只求能一直感受这持久的幸福。

感恩能让我们变得简单而通透,如果你觉得自己拥有的太少,而世界欠你的太多,那么从今天开始,去培养一颗感恩的心吧!

苦水少一点儿，
生活中没有绝对的公平

　　生活中，时常会听到很多抱怨的声音："我为你做了那么多，为什么你不领情？你这种态度对我公平吗？""真不公平，为什么还不让我升职？真是怀才不遇啊！"……这些声音的发出者总是对别人有无尽的怨言，而他们通常也会成为逃避责任、懒惰倦怠、寻找借口的一类人。

　　要知道，生活中没有绝对的公平，公平是相对的。如果你一遇到不顺心的事，就习惯性地向别人倒苦水，总是希望别人能帮忙，替你化解困难。结果可想而知，周围的人只会疏远你。

　　你的经历别人可能也经历过，但别人也是这样一步步地走过来的。其实每个人的处境都差不多，你的不公平，在别人眼里可能很正常，别人未必就比你的处境好，也未必比你遇到的困难少。

你难免会遇到一些不公平的事，难免受到一些不公平的待遇。一味地追求公平，是非常危险的。这只会降低你对生活的期待值，使你失去更多的机会，甚至失去已经到手的机会。

有一次，我参加一场企业交流会，一位老总谈到了这样一个案例。

小赵在一家广告公司上班，老板很欣赏他的才华，给他一个高管的职务。当时，朋友们都为他高兴，觉得他可以大展宏图了。可几个月之后，不论谁见到他，都听见他在说情绪话，比如老板素质太低，同事心眼太小。其实，这几个月来，好几个由他设计的广告作品已经在媒体上火爆刊登。按理说，他的事业是很成功的，可他总是受不了一些小小的不顺心，整天牢骚满腹。

后来，他跳槽去了另一家公司，薪水也涨了一大截，可没多久他又愤愤不平起来，说公司里有几个老板的亲戚不但吃闲饭，还总坏别人的事。时间不长，他又辞职了。他几年内换了好几份工作，每次都有不同的抱怨，不是老板太抠，就是环境太差；不是同事不配合，就是客户太老土……

久而久之，他的名声和人缘便一落千丈了。到后来，这个行业里稍微好一点儿的公司都不愿意雇用他，他曾想自己创业，但一来缺少资金，二来也没人肯帮他，最后迫不得已，只好忍气吞声地在一家小公司里拿着一份微薄的薪水,混一口饭吃。

当然,他仍然没有改掉爱抱怨的习惯,他总觉得命运对自己太不公平。可他不知道,正是那种动不动就发泄坏情绪的习惯,让他不懂得珍惜自己的工作,从而失去了很多机会⋯⋯

从小赵身上我们可以看出,一个总是抱怨、总是向别人倒苦水、总觉得自己受伤最多的人,一两次还可以理解,时间长了,大家就会厌烦,慢慢地,这个人就会使自己陷入艰难的境地,失去很多机会。

其实,喜欢发泄情绪的人,最擅长"宽以待己,严于律人",总觉得别人对不起他,命运对不起他,甚至国家、社会也对不起他。但他从来不肯相信这些连小孩子都懂的道理:没有付出怎么能有收获?没有坚持不懈地努力,哪能看到最后的曙光?他们幻想生活会给自己安排好一切,让他们舒舒服服地走向成功。

如果一个人总是做着不劳而获的白日梦,而生活又远远偏离了他那不可能实现的幻想;如果他只会唠唠叨叨、骂骂咧咧,把随时向亲友、同事发泄情绪当作唯一的办法,那么,这样做的后果,就是把自己的能力封顶了。于是,他们成了自己潜力的最大敌人,成了自己成功路上最大的羁绊。爱发牢骚的人,有的是有才华的聪明人,可他们却聪明反被聪明误,鲜有做出大成就的。究其原因，就在于他们用抱怨和牢骚彻底地限制了自己，也让大家越来越讨厌，越来越厌烦，最终成为没人愿意理会的可怜人。

以爱之名：
每个人都有自己的活法

爱，让我们不断对一个人产生期待，不断要求他按照我们想要的那种方式去活。为了强化我们爱的感觉，就去做一些自以为爱他的事。诚然，这是爱的一种方式，但这种方式付出的爱，只是我们想给的。我们并不知晓，对方想要的是什么。

爱一个人，不是让那个人按我们想要的方式来活，而是在尽可能保护他安全的情况下，让他成为他自己，这样，他才会快乐。否则，我们的爱不是爱，而是打着爱的名义，理直气壮地绑架别人。可惜的是，很多人的爱，都成了另一个人的重负。因为，他们的爱其实是一种自我需要，这需要另一个人来满足，于是他们便把这种需要当成了爱。一些人，在这种爱的束缚里萎靡了下去，而一些人，在爱的束缚里活了出来。

很多时候，我们的亲人，我们的爱人，都在用他们以为好的方式来爱我们，他们用自身的经历告诉我们，路要怎么走才好；他们用自己的渴望告诉我们，要拥有什么才幸福。但是，我们来到世间，不是为了用别人的方法为别人活，而是要用自己的方法为自己活。然而很多人在这两种矛盾中纠结着、痛苦着。

有一个女孩，由于从小受够了贫穷的苦，所以她的最大愿望是变得富有。刚一成年，她就马上辍学去沿海城市打工了。

流水线工人，拿的是计时工资。那时，她的底薪才两百多，加班费是一块五一小时。为了多挣一点儿钱，她几乎天天加班。这样一个月下来，她能拿四百多块钱。为了补贴家里，她只留十块钱买洗衣粉等日用品，其余全部寄回。

这样的日子，她整整坚持了两年。随后，她与负气离家的姐姐在一座陌生的城市相遇。两人一起为了那个贫苦的家打拼着。后来，姐姐恋爱了，离开了，以一贯的方式，不声不响地不见了，几乎算是落荒而逃，因为姐姐的男友，满足不了家人对女婿的期待，他只是个贫穷的普通人。

她恨死姐姐了，为什么姐姐总是逃，总是逃。逃家，逃她，生性那么疏离，连妹妹都不亲。她不明白，为什么一个普通男人可以让她那非常聪明的姐姐死心塌地地追随。更可恨的是，在长达两年的时间里，姐姐音信全无。当然，她不会去想更多的问题：为什么姐姐那么抗拒和家相关的一切？后来，也许是因为岁月流逝，姐姐已经有了面对的准备，所以又与她联系，告诉她自己生活得还算平安。但是，她同时也得知，那个穷苦懒散的男人，给不起姐姐世俗婚姻的承诺。她不甘心，追到了姐姐所在的城市。只是姐姐依然不愿意离开，她伤感地离去，不断与家里人痛哭流涕地指责姐姐的种种不是。

后来，姐姐离开了那个人，不再依靠男人而活了，但与家依然是疏离的。虽然她与父母知道姐姐在哪个城市，但要不主动与姐姐联系，她就不会有什么消息。姐姐是从来不会主动打电话聊天或问候的，除了给家里人寄钱的时候。以至于某年生日那天姐姐突然打电话祝福她，她竟然感动得哭了。原来，姐姐是记挂着她的。

她爱家人，所以要给家里最优渥的物质生活；她爱姐姐，所以在姐姐求助的时候，总是义无反顾地付出。不断给她收拾人生的烂摊子，在不断地努力下，她有了自己的事业，也终于有了大房子，然后，她希望姐姐和她住在一起，她可以保姐姐一世安稳。姐姐去了，可惜没两天两人就大吵一架，两个月里竟然吵了十多次。她的爱，姐姐一点儿都不理解，竟然觉得宁愿行乞度日也不要她给的安稳。

她伤心痛哭，原本以为，总算盼到了好日子，可一切都是她的一厢情愿。她为家付出了那么多，却没有一个人感恩。姐姐气急败坏地离开了，父亲万般不满地离开了，母亲痛哭流涕地离开了……她不懂为什么！她不知道，她在有意无意中，终日让身边的人承受着爱的伤害。

她总是强迫身边的人按照她认为好的方式去活，每一个和她生活在一起的人，都必须按照她的意志行事，所以觉得非常压抑。因为不懂得尊重个体的选择，所以她总是替别人选择；因为拒绝承认每个人的独立性，所以她总是把自己的观念强加于人，觉得自己想要的，一定也是别人想要的。比如，孩子不喜欢吃鸡蛋，她非逼着吃，还逼着全家人监督；嫌姐姐的妆化得不好，非得强迫姐姐化成她喜欢的样子。她不知道，经历岁月的洗礼和知识的升华，姐姐已经有了自己完整而独立的精神世界。一个人如果已不再疑惑，却要被强行植入一些自己不需要的理论，就会非常痛苦。她的控制使每一个人都活得极其痛苦。她对家人的爱与照顾，是他们不能承受的生命之重。

遇到这样的事，很多人会觉得自己很委屈，他们常常说："我是为了他好啊""我是怕他受苦啊"……其实，你的怕，只是你的感觉。你觉得他以你喜欢的方式过，你就不怕了，你才会舒坦。实际上，你追求的，不过是自己的舒坦。爱一个人，应该让他以自己喜欢的方式过一生。其实，受苦也是一种权利。很多时候，我们固执地对人好，却造成了很多伤害，因为我们剥夺了别人选择的权利。如果爱只是一意孤行的主观感受，那么，我宁愿这样的爱不存在。

无论是谁，都没有剥夺别人自主成长的权利。我们来世间一遭，所能真正拥有的，不是财富，不是名声，而是经历和感受。对我们来说，最珍贵的也是人生的经历和感受，欢乐和痛苦。现实生活中的祸福得失并不要紧，命运的打击因心灵的收获而得到了补偿。

别让自己的爱成为对他人的伤害，让他们自己去经历，去体验，去吃苦，去流泪，因为那是他们人生中最重要的权利。

你的事就是你的事，
与别人无关

生活中，很多人都会遇到这样的事：多年不曾联系的朋友突然登门拜访，想请你帮一个他所认为的"小忙"，并通过各种方式一再暗示你，如果你不答应他的请求，就给你贴上道德败坏的标签。但实际上，这位朋友所谓的"小忙"将花费你大量的时间和精力。遇到这样尴尬的事情时，很多人都会左右为难，不知如何是好。

要解决这个难题，其实很简单，那就是果断拒绝。乐于助人固然是好事，可有些人却总是拿所谓的"哥们儿""死党""闺密"之情当幌子，对你进行"交情绑架"。他们认为，请你帮忙是把你当朋友，你理应为他们两肋插刀；再者，因为你的能力比他们强，你过得比他们好，他们有求于你也是人之常情。

我所在公司的副总经理海涛就有过被朋友交情绑架的经历。一天，海涛正在上班，有个陌生人一直加他的微信，他拒绝了多次，但那个人一直反复添加，无奈之下，他只好同意了。

两人成为微信好友之后，陌生人很快就给他发来消息："总算找到你啦！怎么着，现在当了副总经理，就想跟我断交啊。"

海涛浏览了一下陌生人的微信个人资料，才知道对方是他早前公司的一个朋友，至今已经有五六年没有联系了。于是他礼貌性地回了一句："哪敢啊，这几年想必你也过得不错吧？"

此时，对方马上发过来一个愁苦的表情，回道："别提了，我这日子简直惨不忍睹啊，所以想找你帮个忙？"

海涛心里嘀咕，自己都和这位朋友好几年没有联系了，还能帮到他什么呢？于是海涛试探着问："你说说看，能帮上的，我尽力而为。"

"以你现在的身份和能力，这事对你来说是小菜一碟。"朋友赞扬海涛，随即说，"我现在跑业务呢，但是苦于没有合适的客户，我听说你手头有很多我需要的客户，能不能给我介绍几个？"

海涛皱起了眉头，别说将自己公司的客户介绍给其他公司的人，即便是同一个公司的同事，也不能轻易介绍。这种抢饭碗的事，任谁也不能纵容。

海涛当机立断地说："真不好意思，我的那些客户早就分派给下属了，实在是帮不上你啊。"

对方自然明白海涛的意思，回了句："那好吧，我再找别人问问。"

这件事过去没多久，海涛就在微信朋友圈看到有人在议论他刻薄、冷血。他心中奇怪，自己的人缘向来不错，很少被人非议，怎么会突然就被抹黑了呢？经过多方打听后才知道，原来是找他帮忙的那位朋友在到处说他的坏话，说什么他现在当了副总就忘了那些跟他一起打拼过的人，简直忘恩负义。

我听了海涛的经历后，不禁感到后怕。这个社会中，确实有那么一些人，认为别人过得比他好，就理应帮助他。但是这些人为什么不反过来想一想，别人为工作一筹莫展的时候，自己有没有帮过他？别人为找客户几乎跑断了腿的时候，自己有没有关心过他？况且别人过得好也是付出了努力和心血的，因此别人并不欠你什么，凭什么必须帮助你？

其实在每个人的一生中，除了亲人之外，几乎没有人有义务对你好或者帮助你。如果你明白了这个道理，以后当你向别人求助而被拒绝时，就应该告诉自己这是很正常的事。

类似的事情也曾在我的身上发生过，我的QQ好友里有几个有过一面之缘的朋友，平时也没有任何的沟通与交流。有一天，其中一位朋友跟我打招呼，出于礼貌，我进行了回复。

闲聊了几句之后，这位朋友说："那次我们聚会的时候，记得你说过你会做图文设计，现在还做吗？"

我说："做呀！"

接着，他就说让我帮他设计一个简单的图书书目。

当我看到他的请求时，第一感觉就是：我和他是朋友吗？应该谈不上，因为我连他的名字和相貌都没什么印象了。我和他确实有过一面之缘，但也仅仅是一面之缘。处于这样一个尴尬的境地，我觉得很为难。不帮忙吧，担心对方会指责自己没有人情味；帮忙吧，设计一个书目并不是那么简单的事，而我手头还有很繁重的工作要做。思索了一会儿，我果断地回绝了他的请求。不久之后，我也遭遇了和海涛一样的尴尬，被这个陌生人抹黑了。

向人求助时本该怀有一颗感恩之心，可现在很多求助者偏偏忘记了这一点。在这里我想说，你的事就是你的事，与别人无关，当你向别人求助时，别人帮你是情分，不帮你也合情合理。所以，不要主观地认为你的朋友就是天生欠你的，人家的"牛"也是靠自己的努力一步一步奋斗得到的，根本就跟你没关系。

在这个世界上,绝大多数人都没有义务必须帮助你或者必须对你好,当你遇到困难时,如果有人帮助你,请你珍惜,并怀有感恩之心;如果没有人帮助你,也不要抱怨别人。

为自我利益抗争是
合情合理的

很多时候，老板为了公司的发展，为了利润的最大化，必然会最大限度地利用员工的劳动力，让员工做最大的工作量，甚至有时超出员工本来能承受的强度，这种情况已经在无形之中伤及员工的利益。然而，大多数员工为了能够得到老板的赏识或者害怕得罪老板，一般都会选择忍气吞声。

如果你也遇到过类似的情况，那么你就要小心了，很可能你就是公司利益下的牺牲品。你要想清楚两个问题：是否要为了维护公司的利益就不顾及自己的利益？自己的利益谁来维护？

正军是一家金融公司的职员，为人一向与世无争，只要是领导交给自己去办的事情，就不假思索地答应下来。他认为，只要安分守己地工作，即使得不到升迁，也不会因为惹恼上司而被开除。也正是因为这一点，经理似乎从一开始就对正军特别有好感，不论事情大小都喜欢带着正军，等到正军对业务稍有熟悉，就开始让他接手做业务。正军受到经理如此厚待，做事就更加勤奋，任劳任怨。

有一天，经理把正军叫到办公室，告诉他说公司要辞退一个员工，自己不好意思去说，因为正军和这位同事熟悉，所以希望正军能够去和他说。正军二话没说，向经理打了包票，然后顺利地完成了任务。还有一次，经理说他被另外一个部门经理气得头痛，自己不想再见到那个经理，下午的一个会议就让正军代为参加。正军心里十分高兴，认为经理很看得起自己。在参加会议之前，经理在正军面前痛斥了那个经理如何卑鄙无耻，如何欺负自己。正军听在耳里记在心里，开会的时候就处处找那个经理的不是。

但是，尽管正军对经理如此支持，经理却并没有因此而对正军有多少特殊的照顾，正军在他眼里甚至没有任何地位可言。

过了一段时间，公司突然决定裁减一部分人员，正军本想着自己业绩不错，又和经理有"深厚"的关系，只要老老实实工作，肯定没事。但是，经理却突然直接找到正军，给了他两个选择：一是他可以做满这个月并得到当月工资，但是要算公司主动辞退他，并记入档案；另一种是自己主动辞职，最多只发给他这个月已经上班的十天工资算作补偿。正军几近崩溃，他想不到这竟然就是自己在公司最终的结果。他隐约猜出了经理的意图，十分不甘心，他决定为自己抗争一次。

他把自己书柜中尘封已久的《劳动法》和与公司签订的劳动合同统统找出来，彻夜进行了仔细而深入的研究，努力找出对自己有利的政策条文，然后又把自己应该得到的哪怕一丁点儿的利益，也给列出来准备向经理索取。但是，他没有找经理，而是直接找到了总经理。

在总经理办公室，正军拿着有关文件，一改往日那种畏首畏尾的谦恭，沉着地说："总经理，根据《劳动法》规定，用人单位与劳动者解除合同，应当根据劳动者在本单位的工作年限，每满一年给予劳动者本人一个月工资收入的经济补偿。而本单位的合同上又分明在这条之后加上了'工作年限不满一年的，按一年计算'。如此一来，如果公司要辞退我，那么我工作的前三年应该每年各有一个月的工资作为我的补偿，而后面的时间虽然未满一年，也应该按照一年计算再补偿我一个月的工资。所以公司至少应该赔偿我四个月的工资。另外，还有……"

也许是因为正军的说辞有理有据，又是直接告到总经理面前，所以经理没过多久就屈服了，同意赔偿正军四个月工资的要求。

可是没过多久，正军又发现自己其实应该获得更多的补偿。抱着"反正到了'走人'的时刻,你无情我也无义,该是自己的一样也不能少"的念头,正军再次坐在了总经理的办公室里。

他平静地对总经理说:"我和公司签订的合同明年9月份才到期,现在公司要辞退我,就应当提前一个月通知我。如果没有提前通知,又希望我马上就走,那么还应当再赔偿我一个月的工资。否则,我就到有关部门为自己讨个说法。如果这件事情闹了出去,我想谁也料不到会对公司产生什么不好的影响。相信我们谁也不想看到,是吧?"

正军说完之后,静静地等着总经理的答复。但过了一会儿,总经理却突然大笑起来:"我本来没有打算辞退你,只是你们经理一再说你工作能力不强,不能为公司创造任何价值。但是,看到你如此坚持自己的利益,我觉得这种勇气和坚持不懈的精神,是别人所没有的。就凭这一点,我相信你今后一定会做出很大的成绩来。所以,我决定不辞退你。况且,我还真不想把事情闹大……"

在职场上,关键时刻自己一定要为自己的利益考虑,一味地屈从,势必会给别人留下软弱可欺的印象,从而让有心之人有机可乘。正军全心全意的付出却让领导肆无忌惮,就是因为没有在领导与自己之间定好位。而后来,领导因为个人关系,或者公司利益,差点儿让正军成了牺牲品。

与领导相处，一方面要尊重领导，认真做好本职工作，对领导交代的工作任务要不打折扣地完成；另一方面，不要丧失了自己的原则，在遇到领导的无理行为时，要据理力争，拿起法律等武器保护自己，并为维护自己的正当合法权益积极谋求解决途径。在不损害其他人利益的前提下，为自我利益抗争是合情合理的。公司的利益要维护，自己的利益也同样不可忽略。

过分追逐物质，
人就会丧失理智

经常看红毯上女明星的亮相之争，每位女明星都使出了浑身解数，打扮得美美的站在聚光灯下。因为一旦成为焦点，更容易获得关注。而这似乎也代表了一些人的观点，就是若想出众、夺人眼球，仿佛只有如此这般，才能实现。

想要受到关注，这种心态并没有错。人各有志，心态不同，选择方式也会有所不同。

也有一些人，他们不喜欢争抢，不喜欢出风头。他们会默默地用平和的姿态穿越喧嚣的人群，就如一朵茉莉花静静地盛开。他们不会为买不起名牌而苦恼，也不会为宴会上无法成为亮点而纠结，他们只是本分地做好自己的事情，云淡风轻地看着他人争相出风头。他们心境平和，反而不会让人轻易忽视。这样的人，不经意的一个微笑，都能令人感受到他独特的气质。

这样的人，始终是值得尊重的。

果姐刚进公司时，并不引人注目。她默默地做着自己分内的事，不张扬，也不居功自傲。

女同事们在一起，经常会谈论男人、服饰、化妆品等，果姐就在一旁静静地听，不多发表言论。这些话题，她似乎并不太感兴趣。有女同事会因为买不起一件晚礼服而郁闷，而果姐从来不为这样的事情烦恼。就是这份宠辱不惊，爱攀比的女同事们并不敢拿她开玩笑。

公司董事长要从内部选出一名女助理，这是个难得的升迁机会。女同事们纷纷跃跃欲试，尤其是长相有优势的，更是想要在这次竞选中胜出。于是，私下的拉票和拉拢开始默默展开，女人们之间上演着一场没有硝烟的战争。

果姐似乎对于这一切并不在意，也没有参与。如果不是主管要求每位女士都参加，她甚至不想参与。

果姐依旧如往常一样，做着自己分内的事。对于有同事私下希望她投票，她并不答应，也不拒绝，就那么一笑了之。她的这种态度，加上平日的行为，自然没有人将她列为竞争对手。她避免了这场争夺，也避免了很多矛盾。

竞选那天，女同事们使出浑身解数推销自己，展示个人魅力。轮到果姐的时候，她只是不卑不亢地将日常工作程序讲了出来，并对助理的工作岗位发表了自己的一些看法。她这种不哗众取宠的态度，让人感觉十分舒服。

竞选结果出来了，果姐意外地获得了助理的职位。刚开始，众人都对此有异议，认为平时看她不起眼，这次能够脱颖而出，背后一定使了什么手段。

果姐当然也对自己入选十分意外，但她很快调整好心态去面对，对于一些流传的风言风语也不加理会，只是本分地做好工作。

她这种宠辱不惊的心态，令一些对她颇有微词的人感到意外。她上任之后，并没有利用自己的权力吆三喝四，也没有摆架子。跟同事相处，她仍旧保持一颗平常心。她的穿着打扮依旧简单大方，一切都没有因为职位改变而改变。

渐渐地，关于果姐的流言没有了，而她的工作能力，处事宽容的态度，使她赢得了众人的赞许。

有些女人愿意做花园里的玫瑰，成为百花翘首的对象，而有些女人则选择做不起眼的花草。不愿意出风头，不愿意与人相争，这样的女人是聪明的。正如人们所知道的，不要忽视了一棵小草的力量。纵使不起眼，但因为不与百花相争，反而使自己更加安全。用一种乐观的心态生活，这比什么都重要。

身边的人都说果姐是个乐观向上、宠辱不惊的人。每当听到这样的评价,她总是淡淡一笑,并不多说什么。这种处世态度反而使人们更喜欢她,喜欢她的淡定和不卑不亢。她纵然不是公司里最出色的人,但同事们都爱与她相处。她朋友很多,这跟她的个人魅力有很大关系。

但谁也不知道,果姐也曾因为爱出风头而摔过跟头。上大学时,她盛气凌人,处处希望脱颖而出。只要有能够展现自我能力的事情,她不论自己是否有能力,都竭力参加。这种高调的做人态度,让青睐她的男孩子望而却步,周围的同学也对她指指点点。

果姐当时对此并不在乎,她认为展示自我、独占鳌头才是最重要的事情。毕业之后的她走上了工作岗位,在职场中更是延续了大学时代高调的作风。做事邀功,居功自傲,这些都在她身上出现过。

同事们开始不理睬她,对手打压她,上司反感她,直到她不得不从公司辞职。这一切的打击都让她备感困惑。

之后她深刻反思、汲取教训,从此就像变了个人一样,开始用一种平和的心态生活,不再因为表面的风光与人相争。这样一来,原本以为自己会平凡得不起眼,甚至被人海淹没,但让她意外的是,身边的朋友竟然多了起来,人们对她温和了很多,热情了很多。

原来，做一个平和的人，反而会收获更多的东西，她获益良多。

为人不争，才是生活的智慧。平和的心态，宠辱不惊的处事态度，不卑不亢的做人原则，都足以令一个人魅力十足。不与百花争艳，笑看寒风乍起，这是一种态度，更是一种气度。这种气度足以令一个人更加淡定、从容、优雅。平凡的人往往容易创造不平凡的事迹，很多幸运并非是争夺而来。实际上，当一个人拥有了平和的心态之后，幸运也会随之而来。